乡村振兴·高素质农民培育系列丛书

# 粮油作物栽培技术

刘季骢　李文文　吴昊　主编

内蒙古科学技术出版社

图书在版编目（CIP）数据

粮油作物栽培技术/刘季骢，李文文，吴昊主编. 赤峰：内蒙古科学技术出版社，2024.7.--（乡村振兴·高素质农民培育系列丛书）.-- ISBN 978-7-5380-3725-8

Ⅰ.S51；S565

中国国家版本馆 CIP 数据核字第 2024W2S919 号

### 粮油作物栽培技术

| | |
|---|---|
| 主　　编： | 刘季骢　李文文　吴　昊 |
| 责任编辑： | 季文波 |
| 封面设计： | 光　旭 |
| 出版发行： | 内蒙古科学技术出版社 |
| 地　　址： | 赤峰市红山区哈达街南一段4号 |
| 邮购电话： | 0476-5888970 |
| 印　　刷： | 涿州汇美亿浓印刷有限公司 |
| 字　　数： | 125千 |
| 开　　本： | 710mm×1000mm　1/16 |
| 印　　张： | 8 |
| 版　　次： | 2024年7月第1版 |
| 印　　次： | 2024年7月第1次印刷 |
| 书　　号： | ISBN 978-7-5380-3725-8 |
| 定　　价： | 32.80元 |

如有印装质量问题，请与我社联系。电话：0476-5888926　5888917

版权所有　　侵权必究

## 《粮油作物栽培技术》

## 编 委 会

主　编　刘季骢　李文文　吴　昊

副主编　平宗建　王　静　刘怀龙　杜娜钦　乔淑芹
　　　　崔　婷　高宏斌　郭丽丽　张　勇　孙玉霞
　　　　张　洋　杨义宁　杨　霞　苏　鹏　李敬敏
　　　　周　静　张　丁　郭基洋　黄绪甲　邱威霖
　　　　夏志刚　李全法　王朝阳　赵　琼　郑德益
　　　　张新瑜　吴立恒　尹红艳　李　倩　赵仁杰

编　委　陈培茹　高　彬　侯明月　刘文峰　王丹丹
　　　　杨金英　张辉春　张　娜　程玉雷　薛虎军
　　　　刘　敬　赵春迎　关　奎　刘兴松

# 前 言
PREFACE

随着我国农业科技的不断进步和社会经济的发展，农作物的高产高效栽培已经成为现代农耕实践的核心课题。《粮油作物栽培技术》一书正是顺应这一时代要求，以服务"三农"、助力乡村振兴为宗旨，旨在为广大种植户提供一套科学、实用、先进的粮油作物种植方案，推动我国农业生产的可持续发展与现代化进程。

本书共分八章，主要介绍了玉米、小麦、油菜、花生、大豆、甘薯、马铃薯和多种杂粮作物，分别从生长特征、播种技术、田间管理技术以及主要病虫害防治技术等方面进行阐述，具有结构清晰、内容丰富、语言通俗易懂等特点，具有较强的实用价值。

由于编写时间仓促，加之编者水平有限，书中难免存在不足之处，敬请广大读者批评指正。

编 者
2024 年 2 月

# 目 录
CONTENTS

**第一章　玉米高产高效种植技术** ·············································· 1
　　第一节　玉米播种技术 ·················································· 2
　　第二节　甜、糯玉米增产技术 ············································ 6
　　第三节　玉米病虫害防治 ················································ 10

**第二章　小麦高产高效种植技术** ·············································· 15
　　第一节　小麦播种技术 ·················································· 16
　　第二节　小麦地膜覆盖生产技术 ·········································· 21
　　第三节　小麦病虫害防治 ················································ 26

**第三章　油菜高产高效栽培技术** ·············································· 31
　　第一节　油菜高效栽培技术 ·············································· 32
　　第二节　"双低"油菜"一菜两用"栽培技术 ································ 38
　　第三节　观光油菜栽培技术 ·············································· 43

**第四章　花生高产高效栽培技术** ·············································· 47
　　第一节　花生地膜覆盖栽培技术 ·········································· 48
　　第二节　麦套花生高效栽培技术 ·········································· 53
　　第三节　夏直播花生起垄种植技术 ········································ 55
　　第四节　花生病虫害防治 ················································ 58

**第五章　大豆高产高效栽培技术** ·············································· 63
　　第一节　大豆播种技术 ·················································· 64
　　第二节　大豆田间管理 ·················································· 69
　　第三节　玉米大豆带状复合种植技术 ······································ 74
　　第四节　大豆病虫害防治 ················································ 76

## 第六章　甘薯高产高效栽培技术 ··········································· 81
### 第一节　甘薯育苗技术 ················································· 82
### 第二节　甘薯田间管理 ················································· 88
### 第三节　甘薯病虫害防治 ··············································· 91

## 第七章　马铃薯高产高效栽培技术 ······································· 97
### 第一节　马铃薯播种技术 ··············································· 98
### 第二节　马铃薯田间管理 ··············································· 99
### 第三节　马铃薯高产高效栽培新技术 ····································· 101
### 第四节　马铃薯病虫害防治 ············································· 104

## 第八章　杂粮高产高效栽培技术 ········································· 107
### 第一节　谷　子 ······················································· 108
### 第二节　高　粱 ······················································· 112
### 第三节　芝　麻 ······················································· 115

## 参考文献 ····························································· 120

# 第一章
## 玉米高产高效种植技术

# 第一节　玉米播种技术

## 一　选择优良品种

**品种选择**　一般建议农民朋友根据当地情况选用生育期适宜、产量高、抗病强的优良品种,而且玉米种子的净度不能低于98%,要求发芽率高,含水率低。

玉米有普通玉米、甜玉米、黑玉米、糯玉米及高油玉米等种类,其中,普通玉米含有丰富的膳食纤维,利于消化;甜玉米含糖量高;黑玉米赖氨酸含量丰富,有利于人体代谢;高油玉米的含油量高,可以作为榨油的原材料。

> **知识拓展**
>
> **如何选择适宜的玉米品种**
>
> **适宜当地环境资源**　根据玉米种植类型选用对路品种。春播玉米要求是生长期较长、单株生产力高、抗病性强的品种,夏播玉米要求是早熟、矮秆、抗倒伏品种,套种玉米则要求是早熟、株型紧凑、优质、抗病、高产的品种。
>
> **与前茬种植作物相协调**　玉米的增产增收与前茬种植有直接关系。
>
> **根据病害选种**　病害是玉米丰产的克星,其发生主要与土壤有关。土壤养分不平衡,地温不正常,则易发生病害,选种时应避开不适宜此条件生长的品种。
>
> **根据种子外观选种**　玉米品种纯度的高低和质量的好坏直接影响到玉米产量的高低,玉米一级种子(纯度98%)的纯度每下降1%,其产量就会下降0.61%。

## 二　种子精选和处理

**选用包衣种子**　包衣剂由杀虫剂、杀菌剂、复合肥料、微量元素、植物生长调节剂、保水剂和成膜物质加工而成,能够在播种后抗病、抗虫、抗旱,促进生根发芽。

**选用无包衣的种子**　精选种子,剔除虫籽、秕籽、畸形籽,留饱满、成熟一致的种子做种。同时播种前要晒种2~3天,晒种可提高种皮透性和吸水力,提高酶的活性,促进呼吸作用和营养物质转化,提高出苗率13%~28%,早出苗1~2天,增产6.4%。

**浸种**　浸种可使种子提早出苗。冷水浸种6~12小时。温汤浸种,水温为55~57℃,浸泡4~5小时。温汤浸种能杀死附在种子表面的炭疽病、黑粉病孢子等病原体。用某些生长调节剂进行种子处理可达到促进苗期根系的生长或矮化壮苗的效果（如，玉米健壮素、多效唑）。

**药剂拌种**　用种子包衣剂1号或4号，按种子量2%拌种，可防治地下害虫，保苗率达95%以上，可以防治苗期地老虎、黏虫、蓟马等。

## 三　适时播种

### 1.确定播期

玉米的适宜播种期主要根据玉米的种植技术、温度、墒情和品种来决定。既要充分利用当地的气候资源，又要考虑前后茬作物的相互关系，为后茬作物创造较好的条件。

**春播玉米**　根据土壤温度、土壤水分及降水情况来确定。一般5~10cm地温稳定在10~12℃时即可播种，东北等春播地区可从8℃时开始播种。在无水浇条件的易旱地区，适当晚播可使抽雄前后的需水高峰赶上雨季，避免"卡脖旱"。

**套种玉米**　播期根据种植方式和品种特性而定，可从5月上旬延续到6月上旬，在前茬作物收获前10天左右播种。

**轮作夏玉米**　在前茬作物收后及早播种，越早越好。套种玉米在套种行较窄地区，一般在麦收前7~15天套种或更晚些；套种行较宽的地区，可在麦收前30天左右播种。

### 2.播种方法

播种方法主要有条播和点播两种。点播是按计划的株行距进行穴播。套种玉米多采用此法。条播采用机械播种，工效较高，适用于大面积种植。

**等行距种植**　种植行距相等，一般为60~70cm，株距随密度而定。其特点是植株抽穗前，叶片、根系分布均匀，能充分利用养分和阳光。播种、定苗、中耕除草和施肥时便于操作，便于实行机械化作业。但在高肥水、高密度的条件下，生育后期行间郁蔽，光照条件较差，群体、个体矛盾尖锐，影响产量进一步提高。

**宽窄行种植**　也称大小垄种植，行距一宽一窄，宽行为80~90cm，窄行为40~50cm，株距根据密度确定。其特点是植株在田间分布不均匀，生育前期对光能和地力利用较差，但能调节玉米后期个体与群体间的矛盾。在高密度、高肥水的条件下，由于大行加宽，有利于中后期通风透光，使"棒三叶"处于良好的光照条件之下，有利于干物质积累，产量较高。但在密度小、光照矛盾不突出的条件下，大小垄就无明显的增产效果，有时反而减产。

**密植通透栽培模式**　玉米密植通透栽培技术是应用优质、高产、抗逆、耐密优良品种，采用大垄宽窄行、比空间作等种植方式，良种、良法相结合，通过改善田间通风、透光条件，发挥边际效应，增加种植密度，提高玉米品质和产量的技术体系。通过耐密品种的应用,改变种植方式等,实现种植密度比原有栽培方式提高 10%~15%,提高光能利用率。

①小垄比空技术模式:即采用种植 2 垄或 3 垄玉米空 1 垄的栽培方式。可在空垄中套种或间种矮棵早熟马铃薯、甘蓝、豆角或地膜覆盖栽培早大白马铃薯。当玉米生长至拔节期(6月末左右),早熟作物已收获,变成了空垄,改善了田间通风透光环境,使玉米自然形成边际效应的优势,从而提高产量。

②大垄密植通透栽培技术模式:即把原 65cm 或 70cm 的 2 条小垄合为 130cm 或 140cm 的 1 条大垄,在大垄上种植 2 行玉米,2 行交错摆籽粒,大垄上小行距 35~40cm。种植密度较常规栽培增加 4 500~6 000 株/hm²。

**单粒播种技术**　也称玉米精密播种技术,用专用的单粒播种机播种,每穴只点播一粒种子,具有节省种子、不需要间苗和定苗、经济效益好的优点。

玉米精密播种(单粒播种)技术适用于土壤条件好、种子纯度高、发芽率高、病虫害防治措施有保证的玉米地块。要求种子净度不低于 99%、纯度不低于 98%、发芽率保证达到 95%、含水量低于 13%。选定品种后,要对备用的种子进行严格检查,去掉伤、坏或不能发芽的种子以及一切杂质,基本保证种子几何形状一致。

### 3.播量和密度

种子粒大、发芽率低、密度大,条播时播种量宜大些;反之,播种量宜小些。一般条播播种量为 45~60kg/hm²,点播播种量为 30~45kg/hm²。

地力较差和施肥水平较低的地块,密度应小一些;早熟品种、竖叶型品种,可适当密一些。根据现有品种类型和栽培条件,夏玉米一般适宜种植密度:平展型晚熟高秆杂交种 3 000~3 500 株/亩,平展型中熟中秆杂交种 3 500~4 000 株/亩,平展型早熟矮秆杂交种 4 000~4 500 株/亩,紧凑型中晚熟杂交种 4 000~4 500 株/亩,紧凑型中早熟杂交种 4 500~5 000 株/亩。

### 4.播种深度

一般播深要求 3~5cm。土质黏重、墒情好时,可适当浅些;反之,可深些。玉米虽然耐深播,但最好不要超出 10cm。

### 5.基肥与种肥施用方法

玉米施肥原则是基肥为主,追肥为辅;有机肥为主,化肥为辅,有机与无机配合;氮磷钾配合,基肥、种肥及追肥平衡配合施用。玉米各种肥料施用方法如下:

**基肥**　基肥是播种前施用的肥料,也称底肥,通常应该以优质有机肥料为主,化肥为辅。其重要作用是培肥地力,疏松土壤,缓慢释放养分,满足玉米苗期和后期生长发育的需要。有条施、撒施和穴施 3 种方法。以集中条施和穴施效果最好,施肥时应使肥料靠近玉米根系,容易吸收利用。

**种肥** 种肥主要满足幼苗对养分的需要，保证幼苗健壮生长。在未施基肥或地力差时，种肥的增产作用更大。硝态氮肥和铵态氮肥容易被玉米根系吸收，并被土壤胶体吸附，适量的铵态氮对玉米无害。在玉米播种时配合施用磷肥和钾肥有明显的增产效果。种肥施用量应根据土壤肥力、基肥用量而定。种肥宜穴施或条施，施用的化肥应通过土壤混合等措施与种子隔离，以免烧种。磷酸二铵做种肥比较安全；碳酸氢铵、尿素做种肥时，要与种子保持10cm以上距离。

## 四　苗期管理

玉米从出苗到拔节为苗期。一般春玉米经历30~35天，夏玉米20~25天。玉米苗期的生育特点，是以根系生长为中心，其次是叶片，属于营养生长阶段。苗期主攻目标是培育壮苗，做到苗全、苗齐、苗匀、苗壮。壮苗标准是根系发达，茎基扁宽，叶片宽厚，叶色深绿，新叶重叠，幼苗敦实。

**化学除草** 播种后要及时进行化学除草，采用"土壤封闭或茎叶处理"的控草模式。在玉米播后苗前，浇过地后，趁墒每亩用甲·乙·莠250g兑水80kg喷雾。

**间苗、定苗** 间苗在3~4叶时进行，定苗在5~6叶时进行，应去弱留强，所留苗大小一致，按要求的密度计算好株距，并尽量做到株距均匀。

**追施苗肥** 要普遍施用苗肥，促苗早发。苗肥在玉米5叶期施入，将氮肥总用量的30%及磷钾肥沿幼苗一侧（距幼苗15~20cm）开沟（深10~15cm）条施或穴施。

**蹲苗促壮** 通过蹲苗控上促下，培育壮苗。方法是在苗期不施肥、不灌水、多中耕。在苗色深绿、长势旺、地力肥、墒情好的情况下才蹲苗，否则不蹲。蹲苗时间一般不超过拔节期，夏玉米一般不需要蹲苗。

**中耕除草** 一般中耕2~3次。深度应掌握"两头浅、中间深"的原则。

**病虫害防治** 适时防治蓟马、黏虫、棉铃虫、甜菜夜蛾等害虫。

## 五　穗期管理

玉米从拔节到抽雄为穗期。春玉米一般经历25~35天，夏玉米20~30天。穗期的生育特点是营养生长与生殖生长并进。玉米穗期田间管理主攻目标是通过肥水措施壮秆、促穗。

**追肥、灌水** 玉米拔节至抽雄期追肥，一般进行两次。第一次在拔节期前后施入，称为攻秆肥。第二次在大喇叭口期追施，称为攻穗肥。从拔节到抽穗，特别是从大喇叭口期，玉米进入水分临界期，可结合拔节期和大喇叭口期的追肥进行灌水。

**中耕培土** 在拔节期施入攻秆肥后随即进行第一次中耕，兼有除草、覆盖化肥的作用。第二次中耕可于大喇叭口期施入攻穗肥后进行，并培土。培土要求垄高

10~15cm，宽30~35cm。

**去蘖** 玉米拔节前即开始分蘖。分蘖的多少除与品种特性有关外，与外界条件关系也很密切。目前大面积推广的玉米单交种分蘖一般不能成穗，应及时去蘖。去蘖时要防止松动主茎根系。

**化控调节** 在穗期喷施生长调节剂（如玉米健壮素等），能够调节株型，促根防倒。

**病虫害防治** 主要病虫害有玉米褐斑病、玉米茎基腐病、玉米青枯病、玉米瘤黑粉病、玉米螟。

## 六 花粒期管理

从抽雄到成熟为花粒期。春玉米一般45~50天，夏玉米30~40天。花粒期营养生长基本停止，进入生殖生长阶段，是开花、籽粒形成和增重的关键时期，也是决定籽粒数和粒重的关键时期。花粒期的主攻目标是提高总结实粒数和千粒重，栽培中心环节是养根保叶，防止早衰，增加群体光合作用量，促进有机物质向籽粒运输。

**补施粒肥** 玉米后期如脱肥，用1%的尿素+92%磷酸二氢钾进行叶面喷洒。喷洒时间最好在下午4时后。也可在抽雄期再补施5~7kg尿素。

**保墒防衰** 玉米生育后期，保持土壤较好的墒情，可提高灌浆速度，增加粒重，并可防治植株早衰。此时土壤干旱要及时灌水。

# 第二节 甜、糯玉米增产技术

## 一 甜玉米栽培技术

### 1. 土地选择

甜玉米需水较多但又怕涝，需选择土质肥沃、疏松，排灌方便，不渍水的地块。同时，甜玉米必须与普通玉米隔离种植以保证产品品质，一般隔离距离在200m以上。如用时间隔离，播种期应相差30天以上，防止不同类型甜玉米串花，避免异类型玉米串粉导致品质下降。

### 2. 播种与育苗

春季地温稳定通过12℃时为始播期，一般在4月初至5月底。夏播适宜在6月下旬至7月上旬播种，可根据市场供应需求适当调整播期。

田土要耙平整细,播前施足腐熟的农家肥,每亩 500~600kg,农家肥中拌入过磷酸钙。一般应用高畦栽培,畦宽 1.3~1.5m(连沟),双行种植,种植密度每亩 3 500~4 200 株,行距 60cm,株距 20~30cm,如果实行点播,每穴 3 粒,覆土 3cm,播后田间持水量保持在 80% 为宜。也可采用地膜覆盖或育苗移栽。

### 3. 田间管理

**定苗** 中甜 300 株型半紧凑,应合理密植,在 3 片真叶时进行间苗,拔除拥挤瘦弱苗。及时补苗,也可结合间苗移栽补缺,在 5~6 叶 1 心时进行,结合定苗进行中耕一次,留苗密度以每亩 3 500 株为宜。

**施肥中耕** 栽培管理上应重施基肥和攻穗肥,适施苗肥和壮秆肥。追肥分 2 次施用,结合定苗,用复合肥浇施,第 2 次在玉米处于喇叭口期用尿素、复合肥作为攻穗肥,并结合中耕培土,以促使不定根生长,防止倒伏。后期应进行浅中耕,目的是锄草、松土,保持土壤湿度和温度。

**抗旱排涝** 在条件允许的情况下,可采用喷灌和滴灌措施,提前检修排水渠道和排水沟,争取做到旱能及时浇,涝有能力排。在玉米抽雄期须保持水分充足,根据田间墒情及时进行补水,以利于植株生长发育。

### 4. 病虫害及杂草防治

甜玉米含糖量高,病虫害较为严重。病害以大、小斑病,纹枯病较为常见,其防治措施除选用抗病品种外,用卫福农药拌种(300ml 农药加水拌 100kg 种子),能够有效地延缓和防治病害发生。苗期虫害有蝼蛄、黏虫等,可用 1 200~1 500 倍杀虫双或 1 200~1 500 倍敌百虫浇灌土壤,或用米乐尔混细沙撒施株间进行防治。生长中后期,黏虫、蚜虫为害严重,可用 BT 乳剂、敌百虫、杀虫双等进行防治,但应注意使用时期及用量,以免对青苞造成农药污染。高温多雨季节甜玉米生长比较快,杂草也生长迅速,除草是一项不可忽略的措施。通常利用化学除草剂阿特拉津与拉索进行除草。方法是每亩用 40% 阿特拉津 100g 加 48% 拉索 150ml,使用时兑水 30~50kg,于播种后地面喷药,喷药时应土壤墒情良好,以保证药效的发挥。

### 5. 适时采收

甜玉米成熟过程中籽粒含糖量变化很大,采收是否适时直接影响其商品品质和营养品质。甜玉米的适宜采收期通常为授粉后20~25天,春播超甜玉米在授粉后20天左右,秋播超甜玉米在授粉后25天左右。适宜采收期一周左右。采收后要及时出售加工,或在4℃下冷藏,以降低糖分降解速度。连苞叶采收上市可延长保鲜期。

## 二 糯玉米栽培技术

### 1. 土地选择

因为糯玉米的植株形态和生长发育规律与普通玉米基本相近,因此栽培技术措施也类似于普通玉米,只是在一些环节上有比较严格的要求。玉米是短日照作物,喜光,全生育期都要求强烈的光照。糯玉米的种植以地势平坦、土层深厚松软,以及排灌正常、肥力条件好的地块为主。

### 2. 种子精选和处理

**种子精选** 播种前精选种子是提高种子质量,保证苗全苗壮的重要环节,方法是要先进行穗选,然后将果穗顶端5~6cm、基部3~4cm部位的种子去掉,留下果穗中部的籽粒作种。这是因为果穗中部的种子早于其他部位分化和授粉,并处在营养优势的条件下形成,发育得粒大饱满,营养物质丰富,最具有本品种特性,播种后发芽出苗快,容易形成壮苗。而基部和顶部种子分化晚,处在营养劣势下形成,粒形不正,而且不饱满,因此不宜作种。

**种子处理** 播种前将种子晒2~3天,杀灭种子表面的病菌,增强种胚生活力,提高种子发芽率,以利于苗全、苗齐。

播种前24小时内用种子重量的0.3%~0.4%粉锈灵药剂拌种,防治玉米丝黑穗病的效果可以达到95%以上。也可以用50%多菌灵、苯菌灵粉剂,用量为种子重量的0.5%~0.7%;或者用50%甲基托布津,拌种防治丝黑穗病,用量为种子重量的0.2%。

### 3. 适时播种

根据地区控制好播种时间,一般在3—4月的时候,在种植土壤10cm左右的土层中,温度稳定在10℃左右时便可开始播种。以高垄种植为主,株行距要保持在30cm×40cm左右。每个播种穴中播种3粒左右,保证每亩地保苗量不低于3 500株。另外,还要注意膜边的压土,不可过多。保证能够最大限度地保持好膜面的宽度,提高采光面积,从而提高地膜的利用率。

### 4.田间管理

**苗期管理** 间苗一般在3叶期进行,同时注意移苗补栽。间苗时应注意除去小苗、弱苗、病苗、虫苗和过大苗、杂株苗。5~6叶时定苗。为使养分集中,保证长成商品性好的大果穗,改善田间通风透光条件,必须及时除去分蘖。一经长出立即去除,去蘖一般要进行多次。

**中耕除草** 农谚说,"玉米薅得嫩,顶上一道粪",说明了苗期早中耕的作用,移栽返苗后进行第一次浅中耕,防除杂草,同时以松土为主,促进次生根根层出现早,发根多。第二次中耕在拔节前进行,促进根系下扎,深度6cm以上,增加根量。同时进行培土。

**施肥技术**

**基肥** 根据糯玉米的特点,基肥要施足,基肥中应多施磷、钾肥和有机肥。玉米拔节前应施足苗肥,在可见叶13~14片、展开叶8~9叶时适当重施穗肥。后期生长如出现脱肥,要适当追施粒肥。全生育期要施纯氮肥、五氧化二磷、氧化钾。

**拔节肥** 春玉米可见7~8片展开叶时,进入拔节期,此时雄穗和雌穗也将分化,对养分的要求日益增加,因此,及时追施拔节肥,对促进糯玉米的营养生长,搭好丰产架子是很重要的。一般来说,拔节肥占总的化肥用量的15%~20%,此时每亩可追施20kg左右的碳铵。

**穗肥** 穗肥的施用时期,一般在出现13片展开叶时追施最适宜。穗肥用量占总化肥用量的35%左右,宜采用速效氮肥,可结合中耕施用。一般每亩追施15~17kg尿素。

**灌溉** 在种植糯玉米的时候,要根据玉米的生长实际情况控制好土壤墒情。如果墒情不好、土壤干旱的话要及时浇水。需要根据天气状态来调节浇水频次,在环境较为干旱时,需要每隔2~3天浇一次水。糯玉米在生长中不管是什么时候缺水对其生长都是非常不利的,但是在浇水的时候,要注意不可大水漫灌。避免土壤湿度过大,影响营养吸收并引发病害。在浇水时要结合施肥工作进行。

**科学化控** 在种植糯玉米的时候,还要适当喷洒玉米健壮素,使玉米植株矮化,增强光合作用能力。延缓植株的衰老时间,不仅能促进糯玉米早熟,而且还能够提高产量。在喷洒的时候要注意喷洒时期,通常在玉米大喇叭口末期,也就是在抽雄前一周的时候进行。另外,还要注意喷洒浓度,随配随用,保证喷洒均匀,不出现重喷、漏喷现象,避免浓度过高而出现药害。

**5. 适时采收**

糯玉米对生产技术和采收期的要求比较严格,且货架寿命短。正常情况下,糯玉米授粉后 18 天左右为适时采收期,过早过晚都影响品质,采摘上市最好不超过 1 天。采收过早,灌浆不够,营养物质太少;采收过晚,糯玉米籽粒内可溶性糖分和水溶性多糖被转化成淀粉,甜度下降,果皮变厚失去其独特的风味。要带苞叶采收,以利于贮运,延长保鲜期。

## 第三节 玉米病虫害防治

### 一 主要病害防治

玉米(玉米、玉米棒)在生长过程中可能会遭遇多种病害,对产量和品质造成影响。以下是玉米主要病害及其防治措施:

**1. 玉米大斑病(又称条斑病、煤纹病)**

**症状** 叶片上出现椭圆形或长条形病斑,病斑中央灰白色,边缘暗褐色,周围有黄色晕圈,严重时叶片枯死。

**药剂防治** 发病初期喷施多菌灵、甲基硫菌灵、苯醚甲环唑等杀菌剂,每隔 7~10 天喷一次,连续喷 2~3 次。

**农业措施** 适期早播,做好中耕除草培土工作;玉米收获后要清洁田园,及时清除病株残体,减少病菌来源。

**2. 玉米锈病**

**症状** 叶片上出现锈色病斑,病斑周围有黄色晕圈,严重时叶片变黄、干枯。

**药剂防治** 发病初期喷施三唑酮、戊唑醇、己唑醇等杀菌剂,每隔 7~10

天喷一次,连续喷 2~3 次。

**农业措施** 根据田间情况,做好清沟排水等工作,降低田间湿度,增强植株抗逆性,减轻病害发生。

### 3.玉米小斑病

**症状** 在玉米整个生育期内都可发生,但以抽雄、灌浆期发病严重。主要为害叶片,但叶鞘、苞叶和果穗也能受害。叶鞘和苞叶上病斑较大,纺锤形,黄褐色,边缘紫色或不明显,表面密生灰黑色霉层。果穗受害时,病部为不规则的灰黑色霉区,严重时,引起果穗腐烂,下垂掉落,种子发黑腐烂,影响发芽和出苗,常导致幼苗枯死。

**药剂防治** 在玉米抽雄前,每亩用22%嘧菌·戊唑醇悬浮剂40~60ml,或40%唑醚·戊唑醇悬浮剂15~20ml,兑水30kg均匀喷雾,可预防玉米小斑病的发生和蔓延。

**农业措施** 在完成玉米采收工作后,应通过对田地的翻耕将玉米病残株埋进地下,从而达到对病残株以及病菌丝进行分解的效果,减少田间遗留的玉米大小斑病菌残留量。

### 4.玉米纹枯病

**症状** 叶片上出现水渍状小斑点,病斑中央灰白色,边缘暗褐色,病斑周围有黄色晕圈,严重时叶片枯死。

**药剂防治** 发病初期喷施多菌灵、井冈霉素、苯甲·丙环唑等杀菌剂,将药剂按推荐浓度稀释后,使用喷雾器均匀喷洒在玉米植株上,特别是茎基部和叶鞘部分。对于重病田块,可以将药剂稀释后,通过灌溉系统或人工浇水的方式,将药液灌入玉米根部土壤中。

**农业措施** 清除病株并进行翻耕。铲除田边杂草,消灭越冬菌源,减少次年初次侵染源。

### 5.玉米黑穗病

**症状** 花序变为黑褐色或黑色,内部充满黑色粉末状物,严重时整株死亡。

**药剂防治** 播种前用福美双、多菌灵、甲基硫菌灵等杀菌剂拌种。

**农业措施** 避免连作,实行轮作;选择排水良好的地块种植;收获后及时清除病株残体,减少病菌来源。

### 6. 玉米灰斑病

**症状** 主要发生在玉米成熟期的叶片、叶鞘及苞叶上。病斑最初为水渍状淡褐色斑点,逐渐扩展为浅褐色条纹或不规则的灰色至灰褐色长条斑。病斑大小在0.5~3.0mm,病斑中央灰色,边缘有褐色线。最终导致叶片完全枯死,严重影响玉米产量和品质。

**药剂防治** 选择80%代森锰锌粉剂500倍液,或70%代森锌粉剂800倍液,或50%福美双粉剂500倍液,或25%丙环唑1500倍液,或25%戊唑醇1500倍液,根据病情严重程度选择合适的浓度喷雾。在玉米开花授粉后或发病初期,从玉米下部叶片向上部叶片喷施,确保每个叶片都喷湿。

**农业措施** 玉米收获后,及时将田间病株残体集中烧毁,减少翌年田间初侵染源,减少发病机会。堆沤的农家肥要经过充分腐熟后才能施用于田间。

### 7. 玉米炭疽病

**症状** 病斑梭形至近梭形,中央浅褐色,四周深褐色,病部生有黑色小粒点,即病菌分生孢子盘,后期病斑融合,致叶片枯死。

**药剂防治** 发病初期喷施甲基托布津、炭疽福美双、炭疽净等,将药剂稀释后,使用喷雾器对玉米植株进行均匀喷雾,确保叶片和茎秆都能接触到药剂。

**农业措施** 合理密植,保持田间通风透光;增施有机肥,提高植株抗病能力;及时清除病株残体,减少病菌来源。

总之,防治玉米病害应采取综合防治措施,包括药剂防治、农业措施等,同时加强田间管理,保持田间通风透光,合理施肥,增强植株抗病能力。在实际操作中,应根据当地病害发生情况和气候条件,灵活调整防治措施,确保防治效果。

## 二 主要虫害防治

玉米在生长过程中可能会受到多种害虫的侵害,影响其产量和品质。

### 1. 玉米螟

**症状** 幼虫钻蛀玉米茎秆和穗轴,造成茎秆折断、倒伏,穗轴空洞,影响植株生长和产量。

**药剂防治** 在幼虫发生初期,喷施高效氯氟氰菊酯、毒死蜱、辛硫磷等杀虫剂,每隔7~10天喷一次,连续喷2~3次。

**生物防治** 释放玉米螟天敌,如寄生蜂、捕食性螨类等,控制害虫种群数量。

**农业措施** 清理越冬寄主,降低虫源基数。采收后及时清理玉米秆叶,将秸秆粉碎,杀死秆内越冬幼虫,减少虫源数量。

2.玉米蚜虫

**症状** 成虫和若虫吸食玉米叶片汁液,造成叶片皱缩、变形,影响光合作用和产量。

**药剂防治** 在蚜虫发生初期,喷施吡虫啉、啶虫脒、噻虫嗪等杀虫剂,每隔7~10天喷一次,连续喷2~3次。

**生物防治** 释放蚜虫天敌,如瓢虫、草蛉、蚜茧蜂等,控制害虫种群数量。

**农业措施** 应及时清除田(间)边、路旁、沟旁的禾本科杂草,消灭玉米蚜寄主,尽可能降低向夏玉米田转移的虫源基数。

3.玉米叶螨

**症状** 成螨和幼螨吸食玉米叶片汁液,造成叶片黄化、干枯,影响光合作用和产量。

**药剂防治** 在叶螨发生初期,喷施阿维菌素、哒螨灵、螺螨酯等杀螨剂,每隔7~10天喷一次,连续喷2~3次。

**生物防治** 释放叶螨天敌,如捕食性螨、瓢虫等,控制害虫种群数量。

**农业措施** 深翻土地,将害螨翻入土壤深层;清除田间、田埂、沟渠旁的杂草,减少害螨食料和繁殖场所;避免玉米与马铃薯、大豆、蔬菜等间作。

4.玉米卷叶虫

**症状** 幼虫卷叶为巢,取食叶片,造成叶片破损、光合作用减弱,影响生长。

**药剂防治** 在幼虫发生初期,喷施阿维菌素、甲氨基阿维菌素苯甲酸盐、氯虫苯甲酰胺等杀虫剂,每隔7~10天喷一次,连续喷2~3次。

**生物防治** 释放玉米卷叶虫天敌,如瓢虫、草蛉等,控制害虫种群数量。

农业措施　合理密植,保持田间通风透光,减少害虫发生;清除田间杂草,减少害虫藏匿场所。

5.玉米天牛

症状　成虫钻蛀玉米茎秆,造成茎秆折断、倒伏;幼虫在茎秆内取食,影响植株生长和产量。

药剂防治　在成虫发生初期,喷施高效氯氟氰菊酯、毒死蜱、辛硫磷等杀虫剂,每隔7~10天喷一次,连续喷2~3次;在幼虫发生期,施用辛硫磷、毒死蜱、噻虫嗪等颗粒剂,防治地下害虫。

生物防治　释放玉米天牛天敌,如寄生蜂、捕食性螨类等,控制害虫种群数量。

农业措施　合理轮作,避免连作;深翻土壤,破坏害虫越冬场所;种植诱集作物,如大豆等,吸引害虫集中,便于集中防治。

6.玉米豆象

症状　成虫和幼虫取食玉米种子,造成种子破损,丧失发芽能力。

药剂防治　在成虫和幼虫发生初期,喷施高效氯氟氰菊酯、阿维菌素、噻虫嗪等杀虫剂,每隔7~10天喷一次,连续喷2~3次。

生物防治　释放玉米豆象天敌,如瓢虫、草蛉等,控制害虫种群数量。

农业措施　合理密植,保持田间通风透光,减少害虫发生;清除田间杂草,减少害虫藏匿场所;种植诱集作物,如大豆等,吸引害虫集中,便于防治。

总之,防治玉米虫害应采取综合防治措施,包括药剂防治、生物防治、农业措施等,同时加强田间管理,保持田间通风透光,合理施肥,增强植株抗病能力。在实际操作中,应根据当地虫害发生情况和气候条件,灵活调整防治措施,确保防治效果。

# 第二章

# 小麦高产高效种植技术

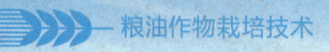

## 第一节　小麦播种技术

### 一　选择优良品种

选择发芽率高、籽粒饱满、分蘖性好、株型紧凑、茎秆粗壮、抗旱、成穗率高、小穗较多、灌浆快的品种。

### 二　种子包衣和药剂拌种

**1. 晒种**

在播种前选择晴朗的天气，将种子摊晒在干燥的地面上，连续晒2~3天，以杀死种子表面的病菌，提高种子的发芽率。

**2. 药剂拌种**

用25%粉锈宁可湿性粉剂按种子量的0.2%拌种，或用2%立克秀按种子量的0.1%~0.15%拌种，或用600g/L吡虫啉悬浮种衣剂按药种比1:(50~70)进行小麦种子包衣，以防治小麦纹枯病、白粉病、锈病和地下害虫等。

### 三　土壤处理

小麦对土壤的适应性较强，黏土、壤土和沙土都可以种植小麦，但要达到高产必须具备一个良好的土壤条件，以满足生育过程中对水、肥、气、热的要求。一般认为最适宜小麦生长的土壤，应是熟土层厚、结构良好、有机质丰富、养分全面、氮磷平衡、保水保肥力强、通透性好，土壤pH值为6.7~7.0的地块。此外，还要求土地平整，这样才能确保排灌自如，使小麦生长均匀一致，达到稳产高产的目的。

**1. 深厚的耕作层**

耕作层是在长期的耕作栽培措施下逐步形成的。耕作层深厚可蓄纳较多的水分，扩大施肥范围，为小麦根系发育创造有利条件。耕作层深度一般应在30cm以上。

**2. 土壤肥沃**

有机质含量和养分状况是土壤肥力的重要因素。总结各地经验，产量为

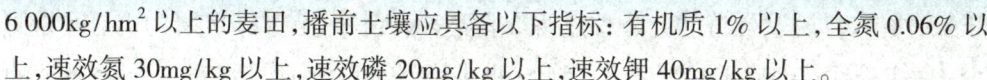

6 000kg/hm² 以上的麦田，播前土壤应具备以下指标：有机质 1% 以上，全氮 0.06% 以上，速效氮 30mg/kg 以上，速效磷 20mg/kg 以上，速效钾 40mg/kg 以上。

**3. 良好的土壤质地和适宜的酸、碱、盐**

土壤质地直接影响小麦生长发育。重黏土或黏土，因质地细，结构紧密，通气性差，不利于小麦发芽和出苗。沙质土壤，结构松散，保水保肥能力差，养分含量低，温度变幅大，不利于小麦生长和越冬。最适宜种植小麦的土壤是壤土，这类土壤具有较强的保水保肥能力，磷钾含量高，有利于小麦出苗和根系发育，增产潜力大。土壤容重以 1.14～1.365g/cm³、孔隙度以 50%～55% 为好。这样的土壤抗旱、抗涝、保肥、耕性好，有利于提高整地质量。

小麦在微酸性和微碱性土壤上均能生长，但最适宜的土壤酸碱度为 pH 值 6.8～7.0，即以中性反应的土壤为宜。

**4. 土地平整**

土地平整是防止肥水流失，保证灌溉质量，确保全苗、匀苗、齐苗和壮苗的重要措施，也是提高播种、管理、收割等各项作业质量的基础。所以有灌溉条件的麦田，地面坡降应控制在 0.1%～0.3% 范围内。

## 四 科学施肥

**1. 基肥**

在播种前结合耕翻整地施入。对于干旱地块，可以将肥料深施于犁底，然后翻垡盖土；对于土壤黏重地块，采用先撒肥，后耕翻，将肥料翻入土中。基肥的用量一般每亩施有机肥 3t 左右，另配过磷酸钙 40kg、尿素 10kg、氯化钾 7.5～10kg。或者用有机肥配合 45% 复混肥 20kg，采用深施或撒施后翻耕的方式，将肥料均匀混入土壤中。

**2. 种肥**

在播种时施用适量的化肥作为种肥，有利于促进小麦生根发苗，提早分蘖。通常每亩作种肥的尿素少于 2.5kg，采用条施或穴施的方式，将肥料施入土壤中并覆盖好。

## 五 适时播种

**1. 适期播种**

小麦播种过早或过晚都会影响小麦的产量和品质。播种过早，小麦冬前旺长,冬季容易遭受冻害;播种过晚,小麦冬前苗小、苗弱,抗寒力低,且分蘖少,次生根少,难以形成壮苗。因此,小麦播种要做到适期播种。小麦播种的最佳季节通常是春季。

### 2. 适量播种

小麦的播种量因品种、播期、地力水平等因素而异。在适期播种的情况下,分蘖成穗率低的大穗型品种,每亩用基本苗15万~18万株;分蘖成穗率高的中多穗型品种,每亩用基本苗12万~15万株。在此范围内,高产田宜少,中产田宜多。晚播麦应适当增加播种量。

### 3. 播种深度

小麦的播种深度一般以3~5cm为宜。播种过浅,种子落在干土上,容易落干,缺苗断垄,易受冻害;播种过深,出苗率低,出苗时间长,苗弱,分蘖晚,次生根少,难以形成壮苗。

### 4. 镇压保墒

小麦播种后,用镇压器镇压2~3遍,使土壤上松下实,减少土壤水分蒸发,促进种子吸水发芽。镇压还可以破碎坷垃,弥封裂缝,使土壤与种子紧密接触,有利于种子发芽和根系下扎。

## 六 冬前及越冬期管理

### 1. 查苗补栽

及早查苗,补种补栽,弱苗早促,旺苗早控。小麦出苗后,及时查苗补苗,可以采用缺苗处浇底水或浸种催芽的方法。小麦3~4叶期时进一步疏密补稀,将疙瘩苗疏开。栽苗后普浇一水,确保早发赶齐。

### 2. 合理施用冬前肥水

**浇冬水** 一般在11月底至12月初浇水,这个时候日平均气温通常为3~5℃,夜冻昼消。浇水过晚,水渗不下,遇到寒流时地面易结冰,麦苗会窒息死亡;浇冬水后,一定要在墒情适宜时及时划锄,破除板结,保持墒情。

**追冬肥** 一般结合浇水进行,冬肥不应过量,不需浇冬水的麦田一般可不施冬肥,底肥中未施足磷肥的地块,要注意氮磷配合施用。

### 3. 中耕镇压

麦田多次浅划锄可以提温保墒，促进小麦发育。镇压可以破碎坷垃，弥合裂缝，保温保墒，促进根系发育。镇压要在土壤封冻前进行，注意有露水时不要镇压，防止压断麦苗造成死苗。立冬后，每亩总蘖数达到计划穗数的1.5倍时，应进行深耘断根，用摘掉左右二齿的耘锄隔行进行，深度10cm。深耘后，应立即耧平踏实，防止压苗和透风失墒，并要及时浇冬水。对群体过大的麦田，深耘断根具有明显的控制群体发展的作用。生长过旺、群体过大的麦田，也可以越冬前采用镇压措施抑制分蘖生长。在耕作粗放、坷垃较多的麦田，于地面封冻前进行镇压，压碎坷垃，弥补裂缝，可起到保温保水分的作用。压麦应在中午以后进行，以免早晨有霜冻镇压伤苗，盐碱地不宜镇压。需要注意的是，麦田浇过冬水后，易造成地表板结，出现裂缝，土壤水分易失，拉断麦根，冻死麦苗，必须及时进行划锄松土。

### 4. 注意冻害防御和冻后管理

防御冻害，除使用良种、施足基肥、培育壮苗外，还应在越冬期施用农家肥盖麦和对壮苗实行镇压，可保温、肥田、防冻。有条件的地方，还可引水冬灌。小麦叶片受冻，只要分蘖节没有冻死，应及早施用速效化肥，促苗转化；如遇干冻，追肥时要结合浇水抗旱。

### 5. 化学除草

冬前化学除草可以减少春季用药次数，降低防治成本。要选择对路农药，严格按照推荐剂量使用，避免对小麦和后茬作物造成药害。在气温10℃以上、晴天的上午用药，日平均气温低于5℃时不宜施药防治。

### 6. 防治病虫害

密切关注金针虫、红蜘蛛、地老虎、灰飞虱、纹枯病等小麦主要病虫害的发生情况，一旦发生要及时采取防治措施，防止病虫害扩散和加重。

综上所述，小麦的冬前及越冬期管理是一个综合性的过程，涉及水肥管理、查苗补苗、中耕镇压、病虫害防治等多个方面，旨在确保小麦安全越冬并促进其健康生长。

## 七 返青—抽穗期管理

春小麦生育中期,是生殖器官与营养器官并进、个体健壮、群体结构建成的关键时期。此期的主攻方向是穗,促控目标是茎和叶。此期相关关系比较复杂,在管理上一方面要保证群体发育适度,另一方面还要保证个体发育良好。而栽培上应用的武器则是水和肥。中产田一般应促蘖成穗,保花增粒;高产田则是要根据田间情况促控结合,抑分蘖,控茎秆,促基节粗壮,防治病虫,促穗分化,促结实率提高,增加粒数。

### 1. 晚灌拔节水,促控基部节

中、高产农田,合理群体建成后,最怕的是穗小和倒伏。在高播量的情况下,只有依靠主茎成穗,适当延缓拔节水,才能形成茎基节短、粗、壮,穗才能得以正常抽出。这时如果田间茎株过于郁闭(多),单位叶面积指数必然过大,则会造成群体内部矛盾激化,致使个体生育不良。在此情况下,需要采取"头水早、二水晚"的措施,着重控制分蘖和基部节。但是在低播量依靠分蘖成穗的情况下,则要保证拔节水的及时供应,并要结合追施拔节肥。主攻目标则是提高穗数,促早蘖成穗,促小花分化,促穗大粒多。

### 2. 重视孕穗水、肥供应

以黄灌区为例,春麦孕穗期河套气候已进入高温、旱情严重时期,不论蒸发或蒸腾其量都很大。而这时的春小麦旗叶和旗二叶也都正处于旺盛生长时期,穗部四分体正在形成,故要大水大肥。为使叶面积在抽穗时达到最大值,给灌浆、粒重打好基础,此时必须灌好孕穗水。中、晚熟品种还要灌好齐穗水。不过这时部分地区已至雨季,因此要看情况定灌水,灌区农谚说,"头水晚,二水赶,三水、四水紧相连"。经试验,在严重干旱的情况下,灌用拔节水和孕穗水能起到改善穗部经济性状的作用,增产效果十分显著。

## 八 抽穗—成熟期管理

从抽穗开花到成熟,小麦的后期管理中心已转移到籽粒成形和灌浆,此时是决定产量的关键时期。主攻目标是在壮秆大穗的基础上,防早衰、治病虫,促粒增重,夺取丰收。管理的重点应提高光合效率,延长功能期,增强光合作用。

此时,如遇高温、缺水、少肥、病虫害或遇上暴风雨则会倒伏,甚至遇上阴雨连绵,都会对籽粒产生不良影响。故需保持根系强大,活力旺盛,并设法延长地上部绿色器官的功能期,这对提高光能利用率作用很大。此期如遇严重干旱,会对根系的活力产生很大影响。又如氮肥过多,代谢过盛,还会造成植株贪青,致使小麦在成熟期茎叶也不能正常落黄,从而招致青枯、籽粒瘦小,严重影响产量。

## 第二节　小麦地膜覆盖生产技术

### 一　地膜栽培模式

#### 1. 三种栽培模式

**垄作地膜栽培模式**　此模式是在田间起垄,垄上种植小麦,垄沟用于排水。地膜覆盖在垄上,可以有效提高土壤温度,保持土壤水分,促进小麦生长。此模式适用于降雨较少、水资源缺乏的地区。

**平作地膜栽培模式**　此模式是在平整的土地上直接覆盖地膜,然后在地膜上打孔播种小麦。这种模式可以提高土壤温度,保持土壤水分,促进小麦生长发育。此模式适用于降雨较多、水资源相对丰富的地区。

**沟播地膜栽培模式**　此模式是在田间开沟,沟内播种小麦,然后用地膜覆盖沟面。这种模式可以充分利用降雨,提高土壤保水能力,促进小麦生长。此模式适用于降雨较少、土壤保水能力较差的地区。

这些栽培模式各有特点,可以根据当地的气候、土壤和降雨等条件选择适合的栽培模式。同时,在栽培过程中,还需要注意施肥、灌溉、除草、病虫害防治等管理措施,以保证小麦的健康生长和优质高产。

#### 2. 优点

**保温保湿**　地膜覆盖可以有效地提高土壤温度,保持土壤水分,有利于小麦的生长发育。

**增产增收**　地膜覆盖可以提高小麦的产量和品质,增加农民的经济收入。

**节省劳动力**　地膜覆盖可以减少放苗、除草等劳动力投入,降低生产成本。

**提高土地利用效率** 地膜覆盖可以实现多茬种植,提高土地利用效率。

### 3. 缺点

**成本投入较高** 地膜覆盖需要投入一定的资金购买地膜和化肥等物资,增加了生产成本。

**对土壤条件要求高** 地膜覆盖需要具备土壤肥沃、土层深厚、排水良好等条件,否则会影响小麦的生长和产量。

**存在环境污染风险** 地膜使用后如果处理不当,会造成土壤污染和环境污染。

因此,在选择小麦地膜栽培模式时,需要综合考虑当地的气候、土壤、水资源等条件,以及经济效益和环境保护等因素,选择适合的栽培模式,并加强生产管理,确保小麦的健康生长和优质高产。

### 4. 适用范围

膜侧条播适宜于旱地;膜上穴播适于年平均降雨量 400mm 以上,七、八、九月平均降雨量在 240mm 以上旱地或补充灌溉区。

## 二 选地整地

### 1. 选地

(1)选择地势平坦、土层深厚、肥力中等的田块进行种植。这样的地块有利于小麦的生长和发育,同时也可以提高地膜的保温保湿效果。

(2)尽量避免选择低洼易涝或盐碱地等不适宜小麦生长的地块。

### 2. 整地

(1)在播种前进行深耕细作,疏松土壤,提高土壤的通透性和保水保肥能力。

(2)清除田间杂草和残茬,减少病虫害的发生。

(3)根据地力情况,适量施用化肥和有机肥,调整土壤 pH 值,提高土壤肥力。

(4)整地要达到田平土细,无根茬,上虚下实,为小麦的生长提供一个良好的土壤环境。

总之,小麦地膜覆盖生产在选择地块和整地方面需要综合考虑地势、土层厚度、肥力等因素,为小麦的生长提供一个良好的土壤环境和生长条件。这样可以促进小麦的生长和发育,提高小麦的产量和品质。

## 三 施足底肥,测土配方施肥

地膜小麦施肥不便,在播种前应注意施足底肥,特别是旱地地膜小麦一般不追肥,播前应结合浅耕施入足量的农家肥和氮、磷化肥,以防后期脱肥。

### 1. 施足底肥

在精细整地的基础上,每亩施用优质农家肥4 000~5 000kg,这是为了提供小麦生长所需的基础养分和有机质。

根据土壤测试结果和小麦的需肥规律,适量施用化肥。一般来说,每亩可以施用氮素化肥(含氮20%)40~50kg,磷肥30~40kg。这些化肥可以为小麦提供所需的氮、磷等营养元素,促进小麦的生长和发育。

在施肥时,要将农家肥和化肥混合均匀,然后撒施于地表,再随整地耕翻入土,以确保肥料分布均匀,为小麦提供充足的养分。

### 2. 测土配方施肥

在施肥前,进行土壤测试,了解土壤的养分含量、酸碱度等。这是制定合理施肥方案的基础。

根据土壤测试结果、小麦的需肥规律以及目标产量等因素,制定个性化的施肥方案。这个方案应该包括肥料的种类、用量、施用时期和施用方法等。

在施肥过程中,要严格按照施肥方案进行,确保肥料的用量和施用时期准确无误。同时,要注意肥料均匀施用,避免出现局部过浓或过稀的情况。

通过施足底肥和测土配方施肥,可以为小麦提供充足的养分和适宜的生长环境,促进小麦的生长和发育,提高小麦的产量和品质。同时,这也是实现小麦可持续发展的重要措施之一。

## 四 起垄覆膜

### 1. 起垄

按60cm一个带型,30cm起垄覆膜,30cm作为种植沟。在种植沟内距垄膜两侧5cm处各种一行小麦,行间距20cm,垄底宽25~30cm,高10cm左右,垄顶呈弧形,垄的条带宽度要一致。

### 2. 覆膜

采用机械播种,每亩 2.8 万~3 万穴,在播种过程中行进速度不宜过快,以免造成错位。做到适墒播种,播深 3~4cm,以保全苗。选膜铺膜:地膜一般宜选用厚 0.007~0.008mm、幅宽 140cm 抗拉性强的地膜,每亩用膜量 3kg 左右。铺膜可采用人工铺膜或机械铺膜两种方法,保证膜面平展,前后左右拉紧,使地膜紧贴地面,膜边用土压实,每间隔 1.5~2m 在膜面上横压 1 条土带,防止大风揭膜。

## 五 选用适宜品种

### 1. 选用良种

选用抗倒伏、分力强、穗大粒多、丰产性能好的中晚熟品种为宜。各地可根据具体环境选择适宜品种。

### 2. 种子处理

播前每 50kg 种子用 40% 甲基异柳磷或 50% 辛硫磷 50~75g 兑水 3kg 拌种,防治地下害虫;用 15% 粉锈宁 50g 拌种防治锈病、黑穗病、白粉病等,或用种子重量的 0.2%~0.5% 的拌种双或福美双拌种防治小麦黑穗病。

## 六 适期适量播种

### 1. 适期播种

播期应比常规播期迟 5~10 天,即在 10 月中旬播种,因茬口问题可延迟到 11 月初播种。

**膜侧条播**　应比当地露地小麦的适宜播期推迟 5 天左右。

**膜上穴播**　应比当地露地小麦适宜播期推迟 7~10 天。

**地膜春小麦**　可较露地小麦适宜播期提前 15~20 天。

### 2. 适量播种

**膜侧栽培**　播量一般约为露地小麦的 3/5,每亩 5~7kg。丰水年时,旱肥地每亩 5kg;干旱年时,中等肥力田每亩 7kg。

**膜上穴播**　每亩 3 万穴,每穴 7~9 粒,一般亩播量 6~8kg。

**地膜春小麦** 每亩3万穴，每穴10~14粒，一般亩播量12~16kg。

> **小麦覆膜播种时的注意事项**
>
> 播前在调好播种机的播种行距、穴距、穴粒数的同时，检查固定件是否有松动，转动件是否灵活，有无漏种部位，鸭嘴是否正常，弹簧弹力是否均匀，并进行调整。
>
> 地膜小麦打孔多，苗孔小，一般采用撒苗种植的方式。播种农户应随机检查，发现堵嘴、扯膜现象应及时排除。
>
> 播种时随时检查种子盒的种子量。种子量应保持在种子盒的1/3~2/3，不得过少或过多。
>
> 播种机的行走速度要严格掌握好，过快或过慢直接影响下种量和播种质量。播种时机具不得倒退。人力穴播应坚持当天铺膜，当天播种，以防膜下潮湿，影响播种。

## 七、田间管理

**1. 护膜查苗**

地膜小麦在铺膜播种后要随时检查膜边和膜孔的压土情况，遇漏压的膜边和破口要及时用土压实，防风揭膜。旱地地膜小麦可比常规种植少浇1~2次水。春小麦可在4叶1心至5叶1心时适当浇水，补肥。无水浇条件的旱地小麦可喷施磷酸二氢钾水溶液，每隔10天喷1次，连喷2~3次。10月中旬播种的地膜小麦在3~4叶期，10月下旬以后播种的地膜小麦在翌春返青后及时掏苗、放苗。

**2. 防除杂草**

旱肥地杂草较多，覆膜前未喷施除草剂的，可采取在杂草处脚踩或压上抑制杂草生长的方法。

**3. 防治病虫害**

地膜小麦往往受地下害虫危害较重，在播种时应进行药剂拌种。生长期间，应进行病虫害的适时防治。

**4. 化控防倒**

地膜小麦一般要比露地小麦植株增高10cm，应注意防止倒伏。可在拔节初期用20%壮丰安乳剂或15%的多效唑粉剂40~60g，兑水喷洒防止倒伏。

## 八 地膜回收

### 1. 清除残留杂物

在小麦收获后,及时清理田地,将残留的地膜、秸秆等杂物清除干净,以便后续回收工作的进行。

### 2. 回收方式

采用机械回收或人工回收的方式,将地膜进行回收。机械回收可以使用地膜回收机,该机器可以将地膜与土壤分离,并将地膜卷成卷,方便后续处理。人工回收则需要人工将地膜捡起,然后进行分类、清洗、消毒等处理。

### 3. 分类处理

将回收的地膜进行分类处理。根据地膜的不同材质、颜色、厚度等特征,将其分类存放,以便后续再利用。对回收的地膜进行清洗和消毒处理。清洗可以去除地膜上的泥土、杂草等杂物,消毒则可以杀死地膜上的病菌和害虫,保证再利用时的卫生安全。

### 4. 再利用

可以将地膜加工成新的地膜,用于农业生产中的覆盖栽培;也可以将地膜加工成其他塑料制品,如塑料袋、塑料桶等,用于生产生活等;还可以将地膜进行加工处理,生产出可再生能源,如生物质燃料等,以供生产使用。

总之,地膜回收需要综合考虑当地的气候条件、土壤类型、种植方式等因素,选择最适合的回收方式进行操作,以减少废弃地膜对环境的污染和危害,节约资源,提高资源利用效率。

## 第三节 小麦病虫害防治

### 一 主要病害防治

小麦在生长过程中可能会遭受多种病害的威胁,这些病害不仅影响小麦的正常生长发育,还可能导致产量和品质大幅下降。

### 1. 小麦锈病

**症状** 主要危害叶片,也可侵害叶鞘、茎秆和穗部,表现为病部产生条状斑点等。

**农业防治** 种植抗病品种,合理轮作,避免病害积累。

**化学防治** 在小麦拔节期后发现中心病株时,及时使用杀菌剂如三唑酮、百菌清、丙环唑或氟环唑进行喷雾防治,间隔8~10天,连喷2次。

### 2. 小麦白粉病

**症状** 主要危害叶片,严重时扩展到叶鞘、茎秆和穗部,病部覆盖一层白色粉状物,即病菌分生孢子。

**农业防治** 选用抗病品种,合理密植,改善通风透光条件,增强植株抗病性。

**化学防治** 当病叶率达到15%时,施用粉锈宁(三唑酮)、禾果利等药剂,每亩按照推荐剂量兑水喷雾。

### 3. 小麦纹枯病

**症状** 主要危害茎秆基部和叶鞘,病斑呈云纹状,严重时导致植株早衰、倒伏甚至死亡。

**农业防治** 选用抗病品种,合理密植,保持适宜的田间湿度,及时排水。

**化学防治** 在苗期至拔节期,尤其是在发病初期,使用戊唑醇、井冈霉素等药剂进行喷雾防治。

### 4. 小麦赤霉病

**症状** 主要发生在抽穗扬花期,侵染小穗,导致颖壳变红,籽粒干瘪,严重时形成"红头"穗,籽粒带有毒素。

**农业防治** 选种抗病品种;适当晚播,降低扬花期遭遇阴雨天气的概率。

**化学防治** 在抽穗扬花期,尤其是预报有连续阴雨天气时,提前在齐穗期施药,可选用多菌灵、戊唑醇、氰烯菌酯等药剂,视天气和病情发展情况适时喷施第二次。

### 5. 小麦黑穗病

**症状** 受害麦粒变为黑粉,发病株不结实或籽粒严重减产。

*种子处理* 　采用包衣种子或药剂拌种,如使用萎锈灵、戊唑醇等进行种子处理。

*田间管理* 　清除田间病残体,减少初侵染源。

### 6.小麦霜霉病

*症状* 　主要危害叶片,病斑呈黄色或黄绿色,边缘不明显,湿度大时可见白色霜状霉层。

*农业防治* 　合理灌溉,避免田间湿度过大,及时清理病残体。

*化学防治* 　发病初期使用甲霜灵、霜脲氰等药剂喷雾。

### 7.小麦全蚀病

*症状* 　主要危害根部和茎基部,造成根部变黑腐烂,地上部矮化、黄化,易倒伏。

*种子处理* 　使用硅噻菌胺、苯醚甲环唑等药剂拌种。

*农业防治* 　合理轮作,避免连作,改善土壤结构,提高排水能力。

### 8.小麦根腐病

*症状* 　主要侵害根部,导致根系发育不良,植株矮小、黄化,后期易倒伏。

*种子处理* 　使用含有杀菌成分的种衣剂进行包衣。

*土壤处理* 　对重病田进行土壤消毒,或施用生物菌剂改善土壤微生物环境。

防治小麦病害应采取综合措施,包括种植抗病品种、合理轮作、科学田间管理、种子处理以及适时适量施用化学农药等。应密切关注田间病害的发生动态,遵循"预防为主,综合防治"的原则,依据病害类型、发病程度和气象条件,适时采取针对性防治措施。

## 二 主要虫害防治

小麦生长过程中会遇到多种害虫的侵扰,这些害虫会取食叶片、茎秆、穗部等部位,影响小麦的生长发育和产量。

### 1.小麦蚜虫

*症状* 　主要集中在小麦的茎、叶、穗等部位,吸食汁液,被害处初呈黄色小斑,后为条斑,整株变枯致死。

**农业防治** 合理密植，保持田间通风透光，增强植株抗逆性。

**生物防治** 保护和利用自然天敌，如瓢虫、草蛉等。

**化学防治** 当蚜虫数量达到防治指标时（如百株蚜量超过500头），使用啶虫脒、吡虫啉、噻虫嗪、阿维菌素等高效低毒的杀虫剂进行喷雾。

### 2. 麦蜘蛛

**症状** 吸食叶片汁液，导致叶片褪绿、枯黄，严重时影响光合作用和籽粒饱满度。

**农业防治** 清除田间杂草，减少越冬虫源。

**生物防治** 释放捕食性螨等天敌昆虫。

**化学防治** 当平均每尺单行螨量达到200头以上时，可选用哒螨灵、联苯菊酯、阿维菌素等药剂进行喷雾。

### 3. 麦叶蜂

**症状** 幼虫取食叶片，造成缺刻或孔洞。

**农业防治** 及时翻耕冬闲地，破坏越冬场所。

**化学防治** 在幼虫发生初期，使用高效氯氟氰菊酯、溴氰菊酯、甲维盐等药剂进行喷雾。

### 4. 麦秆蝇

**症状** 幼虫蛀食茎秆，导致植株枯黄、倒伏。

**农业防治** 秋耕灭茬，减少越冬虫源。

**化学防治** 在成虫盛发期和产卵高峰期，使用高效氯氟氰菊酯、敌百虫等药剂喷雾，或使用内吸性强的药剂如吡虫啉、噻虫嗪等进行茎叶喷雾。

### 5. 麦穗夜蛾

**症状** 幼虫蛀食穗部，影响籽粒饱满度。

**物理防治** 设置黑光灯诱杀成虫。

**化学防治** 在成虫产卵高峰期和幼虫孵化初期，使用甲氨基阿维菌素苯甲酸盐、氯虫苯甲酰胺等药剂喷雾。

### 6. 吸浆虫

**症状** 成虫和幼虫均能为害，成虫吸食花蕊蜜液，幼虫潜入颖壳内吸食正在灌浆的籽粒,导致籽粒秕瘦。

**农业防治** 合理轮作,深耕土壤,减少越冬虫源。

**化学防治** 在成虫羽化期和幼虫上升到土表活动期,使用辛硫磷、毒死蜱等药剂进行土壤处理或喷雾防治。

#### 7.地下害虫

**种类** 主要包括金针虫、蝼蛄、蛴螬等。

**症状** 取食小麦种子、幼芽、根部,造成缺苗断垄。

**农业防治** 深翻土壤,破坏地下害虫栖息环境,合理轮作。

**种子处理** 使用辛硫磷、毒死蜱等药剂拌种或使用包衣种子。

**土壤处理** 在播种前或苗期,使用辛硫磷颗粒剂、毒死蜱颗粒剂等撒施于土壤表层,或结合灌溉施用。

#### 8.灰飞虱

**危害** 传播小麦丛矮病毒病。

**农业防治** 清除田边杂草,减少虫源。

**化学防治** 在灰飞虱迁飞高峰期,使用吡虫啉、啶虫脒等药剂喷雾,压低虫口基数,减少病毒传播。

防治小麦虫害同样应采取综合措施,包括选用抗虫品种、加强田间管理、合理使用化学农药、保护和利用天敌等。在使用化学农药时,需注意农药的交替轮换使用,以延缓害虫抗药性的产生,并遵循农药安全使用规定,减少对生态环境的影响。同时,密切监测田间虫情,做到适时防治,确保防治效果。

# 第三章

# 油菜高产高效栽培技术

## 第一节 油菜高效栽培技术

### 一 种子处理

#### 1. 选用良种

选择适宜的品种是油菜种植成功的关键。在选择品种时,需要考虑气候、土壤、病虫害等因素,以及市场需求及品种的品质和产量。一般来说,机械化生产用种应选用具有株高中等、抗倒伏性强、株型紧凑、早熟且熟期集中、抗裂角等特性,适应当地耕作制度和地理气候条件的油菜品种。

#### 2. 种子处理

**晒种** 在油菜播种前,选择晴天将种子在阳光下晾晒1~2天,晒种能促进油菜种子的后熟,增加油菜种子酶的活性,降低水分,提高油菜种子发芽势和发芽率。同时,可通过紫外线杀死种子表面病菌,减轻病虫害的发生。注意事项:晒种时,避免种子与金属器具接触,也不要将种子直接放在水泥地上,防止高温产生局部性温度过高烫伤种子。

#### 3. 精选种子

**清水选种** 在容器内放足清水,倒入种子进行搅拌,之后捞去浮在上面的轻种、杂质和菌核,最后捞出下沉的种子晾干。注意事项:操作时动作要迅速,以免病原物因长时间浸水而下沉,从而影响水选效果。

**盐水选种** 播种前用10%盐水,即每900g清水加食盐100g溶解后,将500~700g油菜种子倒入盐水中搅拌,之后捞出浮在上面的杂质、菌核、空粒等,下面的种子用清水洗净后晾干备用。

#### 4. 温汤浸种

用50~54℃温水浸种20分钟,对油菜霜霉病、白锈病等有一定的防治效果。将刚烧开的开水2份与1份凉水混合后,立即将种子浸入温水中20分钟即可。注意事项：在这个过程中要控制好水温，不停地搅拌，低于46℃就失去杀菌作用，高于60℃又会降低种子发芽率。温汤浸种处理过的种子要及时晾干，贮藏待用。

5.药剂拌种处理

拌种减药增效技术针对性强、用药量少、持效期长，不仅可以使有害生物的防治端前移，减少农药用量，还可以提高种子的出苗率和整齐度，培育出壮苗，增强作物抗病虫的能力。同时，将防治病虫害的端口前移，是开展病虫害绿色防控、减药增效的重要措施之一。

**方法** 每千克油菜种子可选用70%噻虫嗪种子处理悬浮剂8～16ml，或600g/L吡虫啉悬浮种衣剂20ml，加0.136%赤·吲乙·芸苔可湿性粉剂2g，兑水20ml，混合均匀调成浆状药液，与种子充分搅拌，直到药液均匀分布到种子表面，晾干后即可播种，可防治蚜虫和黄曲跳甲。配制好的药液应在24小时内使用，以免产生沉淀影响使用；拌种处理后的种子应控制在安全水分以下，在适宜的条件下储藏。

## 二 培育壮苗

### 1. 适期早播

确定最适播期，就是以油菜种子发芽最适宜温度 20~25℃，叶片生长适宜温度 15~20℃为标准，找出适宜本地区播种的时间。温度是培育壮苗的基础条件，油菜种子发芽后，每长出一片新叶，需零度以上积温 50℃。达到壮苗标准 7~8 片叶，需积温 400~500℃。播种过晚积温不够，不能形成壮苗，小苗不能安全越冬。如果播种过早，温度在 25℃以上，幼苗生长细弱，易形成高脚苗，也不能形成壮苗。

优质油菜适宜播种期在 9 月上、中旬，最迟不超过 9 月 25 日。一般单晚等早茬田在 9 月上旬育苗，苗龄 25~30 天后移栽至大田，大田播种时间为 9 月底。对于早、中熟油菜品种，如花油 8 号，建议在 9 月中、下旬播第一茬，第二茬可在 10 月初播种。对于晚熟品种，建议在 10 月上旬播第一茬，第二茬可以在 10 月中、下旬播种。

### 2. 适时移栽，合理密植

一般情况下，油菜移栽的最佳时期是在 10 月中旬至 11 月上旬。在移栽期间需要注意的方面：一是要选择适合的土壤条件，不能过于潮湿或者过于干燥。二是移栽时选苗体形态为 6~7 片叶、20~23cm 高的绿叶紫边健壮苗。移栽前需要对土壤进行消毒杀菌处理，以杀死可能存在的病原体。移栽后要及时浇透水，以帮助油菜根系迅速吸收水分。优质杂交油菜具有一次、二次分枝数多，个体发育优势强的特性，所以移栽时要尽量做到密度均匀，每个穴位插秧 1~2 棵，以保证油菜的生长速度和产量。在移栽前要进行充分的预处理，包括拔除杂草、清除残余秸秆、深层翻耕、施加有机肥料等措施。通常，在早期种植的土地上，种植密度应 8 000 株／亩左右。而在晚期种植的土地上，种植密度应该高于 8 000 株／亩，但最好不要超过 1 万株。

机械化生产要求油菜植株株高降低、分枝短、茎秆易切割、熟期集中，通过加大种植密度可以达到以上要求，而且通过增加密度，可以有效增加单位面积的角果数，达到增产的目的。采用机械化生产的油菜地块播种适宜密度为 3 万~4 万株／亩。播种推迟，密度加大。

## 3. 种植方法

**直播法** 在整好地的基础上,播种深度易控制,播种量准确,行距可调,覆土均匀,出苗整齐,便于田间管理。油菜一般采用 25~30cm 的行距,在水肥条件较好的土地上种植,行距可适当加大些,一般可加大到 40~50cm。

**育苗移栽** 苗床要平整、肥沃、土壤疏松、向阳、水源方便。采取营养钵育苗方式,比直播提早 7~10 天育苗,播量每亩苗床控制在 0.5~0.7kg。苗齐后早疏苗、匀留苗,做到"一叶疏、二叶间、三叶定"。在大田精细整地施足底肥的基础上,实行沟栽,同时,浇定根水。密度应该控制在 0.8 万~1.2 万株/亩。

## 三 田间管理

### 1. 苗期田间管理

**间苗、定苗和补缺** 在密度大的地方需要进行间苗,避免油菜苗的拥挤,影响苗的生长。在苗长出一个真叶的时候,进行间苗,出现第二片到第三片真叶的时候,再进行一次间苗。在间苗的时候一定要保留壮苗或者大的苗。定苗在第四片真叶生长后开始。定苗的密度按照种植品种和土地的实际情况来选择。对于缺苗断垄的,及时补苗。

**清沟排渍** 雨水过多的时候,会使土壤的湿度过大,油菜出现烂根,会出现菌核病,所以一定要注意排水。要让沟之间相通,确保田间的湿度,增加土壤的通透性,确保根系的生长发育,减少水渍和菌核病。

**中耕松土** 在种植前一定做好土壤的整理工作,要根据早松土、勤松土的原则来进行,同时要做好施肥、培土等一系列工作。中耕松土要根据油菜的生长状况和实际情况来决定。在进行中耕的时候,要由浅入深,这样可以减少对根的损伤,第一次浅中耕,后面两次深度中耕。土地比较肥沃的,可以进行深度中耕;对于油菜生长比较旺盛的,也可以进行深度中耕。在中耕过程中,会切断一些根系,减少作物对养分的吸收,达到抑制作物徒长的效果。在冬季的时候,要注意防冻和保湿,在进行中耕松土时,要培土壅根,来增加油菜抗寒能力。

**施肥管理** 稳施薹肥。油菜薹期是其生长和繁殖的重要时期,植株会在这个时期进行抽薹、长枝,会使叶的面积逐渐增大,也是需要肥料最多的时期。

此时要有充足的肥料,来保证油菜苗的正常生长。如果在薹期出现肥力不足,一定要早施薹肥。苗期追肥,一般应追施2次。第一次在移栽成活后立即追肥,在移栽后 7~10 天,以速效肥为主,每亩施粪肥水 1 000~1 500kg 加速效氮素 5kg 左右。移栽后 20~30 天第二次追肥,亩用肥量与第一次相同。开盘肥也称腊肥,是油菜越冬期的一次重要施肥,越冬期是油菜根系生长、叶片绿叶面积制造和积累有机养分的时期,也是花芽开始分化、腋芽开始萌动和发育的重要时期,必须保证充足的养分供应。开盘肥应迟效肥和速效肥相结合,有机肥和无机肥相配合。施肥量一般占总肥量的 40% 左右。可亩施发酵油饼 20kg 左右或复合肥 20kg,粪肥水 15~20 挑或氮素化肥 7~10kg。

**冻害及其预防** 油菜本身有着较多的水分,且有着柔嫩的组织,在温度较低的环境下很容易受冻。发生冻害有三种情况:一是根部受冻,其原因主要是田间管理不细或土壤营养成分较少,油菜苗生长较弱,油菜根在土壤中不够深,而且冻结土壤时,会有抬高的现象,这样很容易扯断油菜根而外露。二是叶片受冻,温度在零下时,油菜叶中的水分会结冰,致使叶片受冻。三是抽薹期受冻,这个阶段油菜由营养生长转为生殖生长,此时植株抵抗寒冷的能力最弱,只要温度在零下,油菜就会受冻。

**虫草害及其防治** 油菜田间的杂草可以通过采用人工与除草剂相结合的方式将其清除。人工除草主要是通过中耕松土达到除草的目的,同时需要手工拔除一些杂草。使用除草剂时要根据油菜田间杂草的类型来选择用药以及用量。

越冬的油菜主要有蚜虫和菜青虫两种虫害。当油菜上的蚜虫较多的时候,通常会使用乐果乳剂,用 40% 的乳剂加入定量的水进行稀释后喷洒,也可以使用晶体敌百虫与水相溶进行喷雾,两种药物可以交换使用,对于防治其他虫害也有一定的效果。

越冬的油菜易发生霜霉病,它是一种真菌性的病害。感染此病初期,可以使用丙森锌可湿性粉剂。发病的油菜较多时,需要将烯酰吗啉可湿性粉剂和百菌清可湿性粉剂均匀混合在一起喷洒整个油菜田,可有效防治此病。

## 2. 蕾薹期田间管理

**看苗追施蕾薹肥，补肥补水**　长势偏差、叶色泛黄或发红的田块亩施尿素 3~5kg 兑清粪水 1 200~1 500kg；长势长相正常田块施用清粪水 1 200~1 500kg；长势过旺田块不施蕾薹肥，而用多效唑抑控防倒；在薹高 10~20cm 时，亩用 15% 多效唑粉剂 50g 兑水 50kg 喷雾。

**药肥混施，既治蚜虫，又补硼肥**　开春后温度上升，蚜虫繁衍加快，应及时喷药控制蚜虫基数，防治病害。同时，底肥未加硼肥或苗期未施硼肥，或土壤严重缺硼肥的田块，应叶面喷施硼肥。具体操作时可药肥混喷，亩用 50% 抗蚜威可湿性粉剂 2 000 倍液 50~60kg，加 100~150g 硼砂或 30~50g 富乐硼等高效硼肥喷施。

**清沟排渍，防止春雨成灾**　一般情况下，大旱之后容易出现大涝。要利用早春闲时，及时清沟理渠，做到田间围沟、腰沟、厢沟畅通，明水能排，暗水能滤，降低地下水位和土壤湿度，促进根系健康生长，预防春雨造成的油菜渍害。

**其他措施**　旺田摘除老黄脚叶，增加田间通风透光能力，减轻病害发生。少数未封林的长势差的田块要结合追施蕾薹肥进行一次中耕除草培土，减轻杂草危害，增强抗倒力。

## 3. 花果期田间管理

**清沟排渍**　春雨连绵的天气，要继续清沟排堵，做到雨后厢沟无明水，以降低田间湿度，保持根系和叶片的活力，防止油菜渍害，减轻病害发生。

**放蜂辅助授粉**　油菜是常异花授粉作物，种植区应培植或引进养蜂户放养蜜蜂，以辅助油菜授粉结实，增加果粒数，提高产量并增加收入。

**微肥壮籽**　油菜蕾薹肥的施用基本上满足了其营养器官迅速生长的需要。从初花以后至成熟还需经历 60 天左右，这期间主要是生殖器官即花、角、种子的发育。除气候因素影响外，养分供应不足是造成油菜结实率低的重要原因之一。特别是优质油菜生长势弱，后期容易出现早衰现象。因此，应在初花期或终花期增施叶面肥。如前中期施肥足，植株生育正常的，可不施花果肥。

花果肥主要以速效氮磷肥进行叶面喷施，如苗期、薹期未施硼肥的，可在初花期氮、磷、硼肥一起施用。西南农学院在油菜开花期和结果期喷施 1%

过磷酸钙，油菜籽千粒重分别比对照组增加 0.08g 和 0.12g，含油量分别提高 3.71% 和 4.2%。

### 病害防治

**防治菌核病** 菌核病是油菜的主要病害，发生时可造成油菜不同程度减产直至绝收。一般在花期进行药剂防治，每亩用克菌净 60g 或菌核光 100g 或菌核净 100g 兑水 50kg 于初花后一周喷施第一次，7~10 天后喷第二次，重点喷洒在植株中下部茎秆和上部枝叶上。对于冬前早薹早花的油菜，由于其开花期提前，更有利于菌核病的发生，应特别注意加强药剂防治。

**防治蚜虫** 蚜虫吸食油菜植株养分，同时也是油菜病毒病传播的重要媒介，要及时进行药剂防治。一般在青荚期亩用 10% 吡虫啉 20g 或 2.5% 溴氰菊酯 20~30ml，兑水 40~50kg 喷雾防治。

## 四 适期收获

### 1. 收割时机

油菜是一种早熟的作物，收割时间与栽培品种、生长环境和种植区域等因素有关。一般而言，油菜的收割时间在播种后 80~120 天。当油菜的花朵开始凋谢、有部分蒴果变黄变褐色时，即表示开始进入收割期。

### 2. 机械化收获

联合收获时，在 85% 左右角果颜色呈枇杷黄、85%~90% 籽粒呈黑褐色时为机械收获适期，过早或过迟收获将会影响产量。为防止籽粒脱粒不彻底，机械收割宜在露水干后进行，以降低损失率。油菜具有无限开花结角的习性，植株各部位的角果成熟时间极不同步，为降低机收损失，可进行药剂催熟角果。在机收前 5~6 天，用 40% 乙烯利 350ml/ 亩喷雾，待油菜植株和角果全部转为枇杷黄色后进行机械化收获，落籽损失可以减少到 8% 以内。

## 第二节 "双低"油菜"一菜两用"栽培技术

油菜既是油料作物，也是蛋白质作物、能源作物、饲料作物、绿肥作物、蔬菜作物、观赏作物，是目前一二三产业融合的作物。选择双低油菜品种种植，搞好栽培管理，培育壮苗，实现油菜秋发与春发并举，菜薹与菜籽兼容，既可以收获菜薹，又可以收获优质菜籽，达到"一菜两用"、增产增效的目的，实现一种两收，大幅度提高油菜种植经济效益。

## 一 经济效益

"双低"油菜是指菜油中对人体健康不利的芥酸低于3%，菜饼中对牲畜有毒的物质硫代葡萄糖苷（以下简称"硫苷"）含量低于30μmol/g的油菜品种。"一菜两用"技术则包含了栽培、育种、耕作、施肥、食品开发等环节。一般情况下，应用该技术每亩收鲜菜薹300kg左右，菜籽140kg左右，产量比未摘薹的增加1%~3%。

## 二 选准推广品种

油菜种植要想"一菜两用"，既收菜薹，又有优质"双低"菜籽，就必须选择生育期较早、苗期生长势旺、抗倒伏、抗裂荚、冬发及春发能力强、高含油量、高产的双低优质油菜品种。

### 1. 华油杂62、华油杂9号

华油杂62丰产稳产性好，熟期适中，抗倒性、耐菌核病和耐寒能力强，经检测,平均芥酸含量 0.75%,饼粕硫苷含量 29.00μmol/g,含油量 40.58%。华油杂 9 号含油量 43.08%,芥酸含量 0.6%,硫苷含量 26.35μmol/g。

### 2.中双9号、中双12号

中双 9 号是我国第一个聚合了"双低"、高产、高含油量、高蛋白质、高抗倒伏、抗菌核病和病毒病等 8 项重要优异性状于一体的油菜品种。菜薹口感脆嫩,营养丰富,维生素 C 和蛋白质含量比一般红菜薹要高出一半。中双 12 号具有较强的抗低温能力,结荚性非常好,角果结到顶部,无分段结实现象,是抗裂角性好、抗菌核病和病毒病的"双低"油菜品种。

### 3.中油36、中油杂7819

中油 36 芥酸含量 0.05%,饼粕硫苷含量 22.51μmol/g,含油量 45.75%。中油杂 7819 丰产稳产,含油量达 42.79%,其品质优、抗病性强、抗倒性强、抗冻害能力强、适应性广。

## 三 选地整地

选择土壤有机质含量高、肥力较好、土层深厚、结构优良、排灌方便、前茬未种十字花科作物的田块或地块。前茬作物收获后晒地 1 周,后用微耕机旋耕或传统翻耙田块,深 20cm 左右,按 2.5m 左右包沟分厢,开好"三沟",沟宽 30cm,厢沟深 25cm,腰沟、围沟各深 30cm,做到沟沟相通,厢面平整。

## 四 培育壮苗

### 1.苗床准备

选择前茬为非十字花科作物的地块,要求是地势较高、平坦、肥力中上等的沙壤土,前茬作物收获后及时翻耕,多犁多耙,保证厢平土厚,表土细碎,疏松湿润,上虚下实,蓄水保墒,深沟窄厢,厢宽 1.0 ~ 1.2 m。

### 2.适时播种,重施苗床肥

低山河谷地带苗床育苗一般在 9 月 10 日前播种,苗床与大田比例以 1:(5 ~ 6)为宜,苗床用种 0.5kg/亩,苗床地用 N:P:K=15:15:15 油菜专用配方肥 50kg/亩,腐熟农家肥 1 500kg/亩,泼浇稀粪水或沼液,将油菜专用配方肥浅锄入土,耙平并轻轻镇压墒面,均匀播种,细厩肥盖种。

### 3.苗期管理

为培育壮苗,保证苗与苗之间叶片叠而不挤,不产生高脚苗和弱苗,在1叶期间苗,间苗后亩用5kg尿素兑清粪水1 500kg浇施提苗。3叶期人工拔除杂草。结合除草定苗,定苗时去弱留强、去小留大、去病留健,苗床留苗10 000株/亩,苗龄30~35天。

当苗高20cm左右,叶片6~7叶,根颈粗0.5cm以上,叶色浓绿,叶柄短无高脚,根系发达,无病虫害时达到壮苗标准。10月5—15日前移栽,移栽密度7 000~8 000株/亩,忌过稀或过密。拔苗前1天浇水,选择根系发育良好、株体匀称、生长健壮的直立苗,取苗带护根泥。按照大小苗分级移栽,做到行直、苗匀、根正、棵稳。移栽3天后,结合浇定根水时施定根肥。

## 五 大田管理

### 1.连片种植

"双低"油菜多属甘蓝型,自然异交率为10%~30%,自交结实率为40%~80%。如果在"双低"油菜开花期间,1 000m范围内有非"双低"油菜或十字花科作物开花,就会发生串粉现象,使"双低"油菜芥酸含量提高。因此,种植"双低"油菜一定要统一规划,连片种植,搞好隔离,防止混杂。

### 2.适时移栽

于10月中旬前移栽,移栽时确保单株绿叶7片以上。拔苗前苗床墒情要足,移栽前1天,苗床要浇水润土,以免起苗时伤根;大小苗分级拔,先拔大苗;秧苗要求矮壮青绿色、叶片厚、无病虫,带土拔苗,当天拔苗当天栽。大田要精整,土要细,田要平,厢要窄,沟要深。大田总施肥量以氮:磷:钾为1.0:0.5:0.7为宜。亩施纯氮20kg、五氧化二磷12kg、氧化钾14kg、硼砂1.5kg,或亩施碳酸氢铵65kg、过磷酸钙45kg、氯化钾10kg、硼砂1kg,并加施充分腐熟的猪牛粪等土杂肥3~4t,或亩施氮、磷、钾三元素复合肥50kg,硼肥1kg。移栽时要推广"四个一",即1个穴、1棵苗、1捧多元复合肥配杂肥压根、1瓢水定根。

### 3.适宜密度

移栽密度是保证"一菜两用"技术成功的重要因素。根据试验观察,密度越大,油菜摘薹量越高,对油菜籽产量影响越大。因此,要兼顾摘薹量和油菜籽产量，结合大田肥力条件和前茬因素，合理安排密度。肥力高的按 5 000 株/亩移栽，中等肥力的按 6 000 株/亩移栽，肥力差的按 8 000 株/亩移栽。移栽时，苗要栽稳，行要栽直，苗间距要匀，根部要按紧，不能将苗栽得过浅或过深，培土到子叶节。边移栽边浇足活根水。苗活后施尿素 4~5kg/亩，或碳铵 15kg/亩，15 天后再施尿素 5kg/亩，或碳铵 14kg/亩促苗，为促发分枝留下合理空间。

**4. 加强冬管**

封行前进行 2 次人工中耕除草。移栽后 15 天轻施提苗肥，用尿素 5~8kg/亩兑水 1 500kg 淋施。翌年 1 月上中旬，用火土、草木灰或猪牛粪培蔸，早施重施薹肥，立春（2 月 4 日左右）前或摘薹前 3~5 天施尿素 7.5~10.0kg/亩。腊肥春用，加施尿素 10kg/亩。

**5. 适时摘薹**

科学掌握摘薹标准和时期。当薹高 25~30cm 时，摘薹 15~20cm，留薹 10cm。先摘主薹，后摘分枝菜薹加工。摘薹时间最迟不能超过 2 月 10 日，做到 "薹不等时、时过不摘"。第一次先摘主薹，待分蘖后选择性地摘弱小的密集菜薹。

**6. 防治病虫**

"一菜二用""双低"油菜的种植要高度重视病虫害防治，做好蚜虫、菜青虫和菌核病等防治。

**绿色防控方法** 合理轮作，避免根肿病等病害发生，如采用油菜—玉米或油菜—花生等轮作方式，做到和十字花科作物不重田。为保障菜薹安全，虫害以物理防治为主，生物防治为辅。如利用蚜虫的趋避性，在油菜田挂 15~20cm 黄色粘虫板诱杀有翅蚜，或每隔 30cm 纵横各拉一条银灰膜避蚜，也可以自制尿洗合剂（尿素、洗衣粉、水按 1:4:100 的比例制成），每亩喷药液 30kg 进行蚜虫防治。在蚜虫发生初期，用苦参碱水剂、虫酰肼悬浮剂或甲氧虫酰肼悬浮剂等进行生物防治，保护农业生态环境。

**化学防治** 摘薹后油菜分枝增多，田间通风透光稍差，油菜花期发生菌核病可能会偏重，应注意防治。油菜初花期和终花期用 80% 多菌灵超微粉

150g/亩，或 25% 咪酰胺乳油 50mL/亩兑水 50～60kg 均匀喷雾防治菌核病，选择晴天下午喷施在植株中下部的茎叶上。

## 六 适时收获

终花后 30 天左右，当全株 2/3 角果呈黄色，主轴基部角果呈枇杷色为适宜的收获期，即"八分熟，十成收"。将收割的油菜植株堆垛 5～7 天后，抢晴天摊晒，脱粒，晒干，扬净后装袋。

## 第三节 观光油菜栽培技术

油菜不仅是食用植物油的来源，也是一种旅游资源。因其花色鲜艳，在旅游景区种植油菜，花期可吸引大量游客。选择花期偏长、花色鲜艳、株高适中、不同熟期的高稳产品种，根据旅游区的地势地形，将不同熟期、不同花色品种分区域规模化种植。这样既可延长花期增加旅游收入，也可收获商品菜籽，实现一举两得，大幅度提高观光油菜种植的经济效益。

### 一 选好品种

在选择品种时，应考虑到当地的气候、土壤条件以及市场需求等因素，以确保油菜的生长和观光效果达到最佳状态。

观光油菜要求选择花期偏长、花色鲜艳的高产稳产品种，特别是花期≥35 天的油菜品种。要注意品种搭配，进行早、中、晚熟品种搭配，同一品种连片规模化种植。直播油菜一般播期较晚，宜选用发苗快、耐迟播、产量潜力大、株型紧凑、抗病抗倒性强的"双低"油菜品种。

**七彩油菜花** 这种油菜品种以其多彩的花瓣颜色而著称，包括浙大白、浙大绿、浙大杏等多种颜色。它集赏花旅游、休闲娱乐、增收致富为一体，非常适合观光种植。七彩油菜花不仅具有观赏价值，还兼具食用和油用价值，使得其在观光农业中更具吸引力。

**浙大 619** 这是一种甘蓝型半冬性油菜，品质优，产油量高，具有抗性强、适应性广等特点。其植株高大,适合机械化生产。连续多年被列为浙江省油菜主导品种,并荣获浙江省十大好品种,深受农户和游客的欢迎。

浙大 622　这个品种熟期适中,株高中等,丰产性好,含油量高,品质优良。另外,它还具有较强的抗病性、抗寒性和抗湿性,也适合机械化生产。因此,浙大 622 在观光种植中同样具有优势。

浙大 630　作为中熟甘蓝型半冬性油菜,浙大 630 的有效分枝位较低,分枝数多,结角层较厚。其含油量高,品质优,抗性与丰产性好,综合表现优异。在全国常规油菜品种中,浙大 630 的含油量名列前茅,这使得它在观光种植中具有较高的经济价值。

观光油菜的种植还需要考虑游客的观赏体验,因此,在种植布局、色彩搭配等方面也需要进行精心的规划和设计。

## 二　适期早播

### 1. 种子处理

播种前要精选纯净、优质、粒大的种子,并且晒种 1~2 天,结合土壤施药。

### 2. 直播

一般选在 10 月上中旬进行,用种量约为 300g/亩,用细沙拌匀撒播,防止播种不均匀。

### 3.移栽

种植密度则根据品种、土壤肥力状况、移栽时期而定，一般为 2 000~5 000株/亩，且移栽通常在11月中旬前完成。

## 三 田间管理

### 1.科学施肥

施足底肥，整地前，每亩施复合肥 35~40kg、硼砂 1.5kg 充分混匀后全田撒施，注意氮、磷、钾肥配比施用。适时追施苗肥，当苗高达 20cm 时，根据苗势每亩施尿素 5kg，如果底肥没施硼肥，应在薹期喷施 0.2% 硼肥。肥花期结合病虫害防治，每亩喷洒 0.2% 的磷酸二氢钾溶液 50kg。

### 2.科学排灌

油菜生长既怕旱又忌涝，田间排水系统应做到旱能灌、涝能排，保持畦沟和四周沟的通畅，以利于排灌。在幼苗期特别注意田间不能积水，在抽薹开花期需水大，应保证水分供给。开花结荚期要注意防止田间渍水。

### 3.及时间、定苗

苗后要及时间苗，做到1叶疏苗、2叶间苗、3叶定苗。3叶期可喷施多效唑防止高脚苗，可每亩用15%多效唑可湿性粉剂50g加水50kg喷施。在2~3叶期时要及早间苗，主要去除丛籽苗、扎堆苗以及小苗、弱苗，同时检查有无断垄缺行现象，尽早移栽补空。4~5叶期后，根据田间苗情长势和施肥水平，适当定苗，一般每亩密度控制在1.5万~2万株。

### 4.化学除草

在播种前每亩用41%农达水剂300ml兑水30kg或乙草胺80~100ml兑水15~20kg进行地表喷雾除杀，或者在11月中下旬前，日均温度在5~8℃，3叶期前后每亩用12.5%的盖草能乳油50ml或10%高特克乳油150ml兑水30kg喷雾，可分别防治禾本科杂草和阔叶杂草。

### 5.防冻保苗

（1）在6~7片真叶期喷施多效唑以增厚叶片，抑制根茎延伸，增强抗冻能力。

（2）在 12 月上中旬进行中耕培土,防止根茎外露而受冻。

（3）进行冬灌,但田间不能积水,浇后及时中耕保墒。

## 四 适时收获

适时收获是油菜生产的重要环节。在油菜终花后 30 天、主轴角果 80% 转为黄色、种皮呈现固有色质、种子不易捏烂时是油菜收割的最佳时期,要及早抢晴收割。

## 五 注意事项

（1）注意油菜不同品种统一规模化种植,不能插花种植。

（2）控制油菜的密度和播期,首播密度太小不能保证产量,密度太大花期又太集中。

（3）开花后期喷施磷钾肥,但要注意肥水控制,既要防止发生贪青迟熟倒伏,也要防止早衰。

# 第四章

# 花生高产高效栽培技术

# 第一节　花生地膜覆盖栽培技术

## 一　地膜覆盖栽培增产机制

花生地膜覆盖栽培增产机制
- 改善生态条件
  - 增温保温效应。有效提高土壤耕层温度,使太阳辐射能透过地膜传导到土壤中去,并阻隔了水分蒸发,减少了地热散发。
  - 保墒提墒。切断水分与大气的通道,使水分在膜内循环,能较长时间地储存于土壤中,提高了土壤中水分的有效利用。
  - 改良土壤结构。使土壤处于免耕状态,表土层躲避了风吹、雨淋,处于疏松状态,有利于根系发育和果针下扎及荚果膨大。
  - 促进微生物繁殖,提高土壤养分含量。均衡地调节土壤水、肥、热状态,促进微生物繁殖,为花生生长提供充足的养分。
  - 增加地层光照强度。对阳光的反射作用,增加了植株下部叶片的光照强度,增强了光合作用,进一步提高了光能利用率。
- 促进生长发育
  - 地膜覆盖后,土壤的水、肥、气、热等条件得到了改善,各个生态因子相互协调,从而促进花生健壮生长,生育期提前,生育进程加快,产量品质提高。

## 二　播前准备

### 1.选择适宜的地膜

一般选用耐拉力强、耐老化,无色透明、透光率高的聚乙烯薄膜,宽度为80~90cm,厚度为$(0.007\pm0.002)$mm。

### 2.选用优良品种

要选用适应性广、抗逆性强、增产潜力大,具有前期稳长、后熟长势强的中熟大果型或早熟中果型品种。

### 3. 选地和换茬

花生种植的选地非常重要，要选择土层深厚、排灌良好、土壤肥力高、保水保肥性能好的沙壤土或壤土，沙性大的不适宜。换茬的话，生茬种花生增产，尤其是地膜花生，更应选好茬口，玉米、谷子、禾本科最好，或马铃薯、西瓜茬等。如果重茬应增施有机肥或生物肥。

### 4. 整地施肥

**精细整地** 此项工作是地膜覆盖栽培花生高产稳产的基础。选择质地疏松、肥力较高的生茬地，最好是前茬作物收获后及时进行秋耕，深20~23cm，熟化耕作层，早春浅耕，耕后及时耙耢保墒，达到土壤细碎无坷垃，地面平整无根茬。

**施足底肥** 覆膜栽培的花生全生育期肥料于播种前施用，有机肥可全层施用，化肥可结合有机肥于做畦之前撒施，亦可集中施于整畦后的畦面上，再结合精整操作使化肥与畦表层土壤混合均匀。施用量根据土壤肥力情况，一般亩产250~380kg花生果，需纯氮11.3~18.5kg、纯磷2.0~3.7kg、纯钾4.4~11.9kg、纯钙3.62~8.54kg。应用覆盖地膜技术采用的氮、磷、钾比例为5:1:2，一般每亩要求施入优质农家肥4 000~5 000kg，标准氮肥10~15kg，过磷酸钙30~40kg，硫酸钾12~15kg，石膏粉20~30kg。有条件的还可施入饼肥40~50kg。

**起垄** 播种前4~6天起垄，80~90cm一带，畦底宽30cm，垄面宽50~60cm。起垄标准是底墒足、垄体矮、垄底宽、垄面平、垄腰陡。

## 三 覆膜与播种

### 1. 覆膜方法

人工覆膜放膜时速度要缓慢，膜要摆平、伸直、拉紧，使薄膜在台面上平展没有皱纹，紧贴垄面。播种后先用锄头把畦面两侧斜面距沟底2/3处的泥土拉到畦沟，深度与沟底一致，然后三人一组进行人工盖膜，即一人顺畦在前面铺膜，另两人站在畦两侧的沟中，一边用脚轻轻踩膜，将地膜垂直踩下，拉紧拉平，使膜紧贴畦面，一边用锄头把沟里的土培起压在膜两侧，压紧压密，恢复原来畦的形状。每隔0.5~1m用一小土堆于畦面，以防风保膜。铺膜与压膜应相互配合操作,边铺膜、边压膜、边移动。操作时应细心,避免拉破踩破薄膜。铺膜时应避开大风天气,并应顺风铺膜。

用覆膜机覆膜,能加快覆盖速度,提高劳动效率,保证覆盖的质量。如果采用花生联合播种机则会将镇压、筑垄、施肥、播种、覆土、喷药、展膜、压膜、膜上筑土带等一次完成。

2.喷施除草剂

花生地膜覆盖常用的除草剂有拉索、农思他、都尔、乙草胺和西草净等。施用方法:均于盖膜前将除草剂加水,搅拌,使其稀释乳化后,均匀喷在垄面上和畦沟上。注意喷匀,不要漏喷,把规定的药量全部喷完,喷少了则会降低除草效果。

3.盖膜方式

随种随覆膜  整地播种后,随即喷洒除草剂,接着盖膜,待花生出苗顶土时,及时破膜放苗。

先盖膜后播种  播种前5~6天盖膜,待地温升至适宜温度后,用打孔器打孔播种。播后苗孔上面压上3~5cm厚的湿土,以防落干跑墒。

先播种,齐苗后再盖膜  花生播种后喷除草剂除草,花生齐苗后再边盖膜边打孔破膜。

3种方式各有各的特点,可因地制宜选用。

4.播种

确定播种期  在5天之内,5~10cm耕层日平均地温稳定通过12℃即可播种,地膜花生能提高地温,可适当早一些。一般是4月15—25日。播种过早,膜内外温差大,幼苗不能正常生长;播种过晚,生育期缩短,营养不良,结果少,不能充分发挥地膜覆盖的作用。

种子处理  一是种子精选,播种前带壳晒种2~3天,以提高种子发芽势和发芽率;二是浸种子催芽和药剂拌种,这是经多年实践证明的一项全苗壮苗措施;三是根瘤菌拌种,能增加花生植株根瘤数,增加根瘤菌活性,提高花生固氮能力。

提高播种质量  不论是先盖膜后播种,还是随播种随盖膜,或是出苗后再盖膜,都要按密度规格开沟或打孔。一定要注意墒情,墒情差,要提前浇水,覆膜后要压严孔的周围,否则,起不到保温作用。

5. 合理密植

一般都是 63~65cm 的垄距,用 1.2m 或 1.3m 宽的地膜,两垄一起覆,穴距为 17~20cm,保苗 14 000~14 500 株/亩。还可以采用大垄三行覆膜,即两个自然垄,合成一个大垄,垄上种三行,小行距 30~35cm,能合理利用地力和光能。

## 四 田间管理

1. 苗田护膜

在播种出苗阶段,容易被风刮揭膜,或者因为垄面薄膜封闭不够严密及破损等原因,都会影响地膜的增温、保温、保墒的效果,影响出全苗、出齐苗。因此,播种后,要经常检查薄膜有无破损、透风之处,如发现及时用土压好、堵严,保证增温保墒效果。

2. 破膜放苗

当花生幼苗长至 2.5 片叶时,应及时破膜。方法是选择晴天的清晨或傍晚,用剪刀或刀片划开每穴花生幼苗上的薄膜,孔的大小足够幼苗长出为宜,在 2~3cm 即可。

3. 适时清墩和抠枝

清墩　花生出苗后主茎有 2 片复叶展现,应及时清理膜孔上的土堆,并将幼苗根际周围浮土扒开,使子叶露出膜外,释放第一对侧枝,以免影响花生正常的生长发育。

抠枝　花生出苗后主茎有 4 片复叶时,要及时将压在膜下的侧枝抠出来,侧枝是结果最多的一对侧枝,若压在膜下时间久了,影响早生快发,降低结实能力,影响产量。

查苗补种　结合开孔放苗和清理膜上土墩,进行查苗补种,若发现缺苗,应随即将准备好的催芽种子逐穴补上,保证全苗,为高产稳产打好基础。

### 4.中耕除草

降水或浇水后,垄沟土壤容易板结,滋生杂草,应及时顺垄沟浅锄,破除板结,消灭杂草。膜内发生杂草时,用土压在杂草顶端地膜面上,3~5天后杂草因缺氧窒息枯死。

### 5.适当浇水

花生是比较耐旱的作物,在各个生育期其需水量差异很大,如播种至出苗期需水量就很少,出苗至开花期则次之,开花至结荚期则需要较为充足的水分,结荚至成熟期则应减少水分的供应。各生育阶段遇到干旱,对产量均有影响,以结荚期干旱影响最大。所以,应根据不同的生长阶段确定浇水的程度。

### 6.化学调控

在花生开花后30~40天,每亩叶面喷施150mg/kg的多效唑溶液50kg,以控上促下,控制营养生长,促进生殖生长,提高营养体光合产物向生殖体运转速率,防止田间群体郁闭倒伏,保持较高而稳定的有效叶面积,提高光合效率,获取高产。

### 7.根外追肥

可于结荚期以后叶面喷施0.5%的尿素溶液和2%~3%的过磷酸钙溶液或喷施0.3%磷酸二氢钾溶液1~2次,对提高荚果饱满度有重要作用。对有早衰迹象的地块叶面喷肥,更为重要。

### 8.适时收获,回收残膜

**适时收获** 花生果实成熟时,要及时收获。花生正常成熟的长相,一般是植株下部茎枝落黄,叶片脱落,但水肥条件好的这些现象不明显,因此地膜花生还要看荚果的饱满度。中熟大果品种单株饱果指数达50%~70%,早熟中果品种单株饱果指数达70%~90%时为适收标准。荚果成熟外观标准是果壳外皮发青而硬化,籽仁充实饱满,种皮色泽鲜艳。成熟的花生要及时收获,否则,遇高温高湿天气将会在地里成为烂果,也有可能感染黄曲霉毒素。因此,要及时收获。

**残膜回收** 在收获花生前,要及时收集花生地的残留地膜,并集中处理,以防污染土壤。

## 第二节　麦套花生高效栽培技术

麦套花生即在小麦收获前,将花生种在小麦行间,借以延长花生生育期,弥补热量资源的不足,实现小麦、花生一年二熟,这是保证花生、小麦双高产的一种种植制度。麦套花生由于小麦花生存在共生期,对花生种植技术要求较高,特别是播种环节,如果做不好,很难实现苗全、苗齐、苗壮,对花生产量造成很大影响。

### 一　土壤选择,深耕增肥

选择土质疏松、排水良好、pH值为6.0~7.0的土地进行栽培。对于麦套花生来说,土壤的肥力非常关键,因此在种植前应进行充分的土壤改良。可以通过施入有机肥、翻耕和松土等措施来改善土壤的肥力和结构。应根据土壤检测结果,合理施入化肥,确保营养充足,避免土壤酸碱度过高或过低。种麦前深耕20~30cm,结合深耕每亩施优质圈肥4 000kg、碳酸氢铵35kg、过磷酸钙65~70kg、氯化钾25kg作小麦基肥。第二年早春追肥推迟到小麦拔节至挑旗,兼作花生基肥。

### 二　良种配套,光热互补

为减少两作物共生期争光争热的矛盾,品种必须搭配好。小麦选用早熟、矮秆、株型紧凑的品种,花生选用耐荫性好的中早熟品种。

### 三　改良种植方式,发挥边行优势

#### 1.小垄宽幅麦套花生

秋种时不起垄,40cm一带,小麦播幅6~7cm,套种空当33cm。一般麦收前15~25天(中低产麦田可适当提前到麦收前25~30天套种)在空当上开沟套种一行花生,穴距16.5~20cm。密度为每亩开8 333~10 000穴,每穴2粒。

小麦收获后立即灭茬、追肥、浇水。在花生封垄前深锄扶垄,培土迎针。

### 2.大垄麦套花生

秋种小麦时,先起大垄,垄距90cm,垄沟30cm,垄高12cm,垄沟内播2行小麦,小麦小行距20cm,大行距70cm。春天在垄中间开沟施入花生基肥。4月上中旬在垄上覆膜套种花生,播种规格:垄上种2行花生,小行距25~30cm,大行距60~70cm,穴距16.5~18cm,密度为每亩8 000穴,每穴2粒,采用幅宽75~80cm地膜打孔播种。播种时尽量少损伤小麦。小麦收获后要立即浇水、灭茬、扶垄。在垄内也可种秋黄瓜或间作芝麻,增加收入。

### 3.常规麦套花生

一般2万株/亩左右。在小麦正常播种情况下(行距23~30cm)行行套种花生。

## 四 田间管理

### 1.前期

小麦花生共生期间,花生正处于幼苗出土和发育期,结合浇麦黄水,促进花生根早发和花器形成。麦收后即花生8~9叶期,结合灭茬、培土,每亩追施磷酸二铵10~15kg,以促进侧枝生长和前期花开放。覆膜套种应适时破膜放苗。

### 2.中期

培土迎针,防治病虫;遇旱浇水,促进发棵增叶,加速光合产物积累。7月20日前后株高超过35cm,应及时喷施生长抑制剂控制旺长。具体措施是:当植株生长至35cm时,叶片浓绿,有旺长趋势时,用多效唑50g/亩兑水50~75kg叶面喷施。

### 3.后期

结荚期搞好叶面喷肥,延长绿叶功能期,促进荚果充实。具体措施是:叶面喷施多菌灵、代森锰锌、波尔多液(生石灰:硫酸铜:水=1:1:100)等防止叶斑病的发生,叶面喷施2%尿素+0.3%磷酸二氢钾混合水溶液防止叶片衰老。

## 第三节　夏直播花生起垄种植技术

起垄种植是近年推广使用的一项夏直播花生高产栽培技术，它有效地解决了淮河流域夏播花生涝灾频繁、渍害严重、产量低而不稳、品质下降、机械化程度低、劳动强度大、生产成本高等制约该区域花生生产发展的众多问题。

### 一、起垄种植要点

**1. 垄面要平**

起垄时要将垄土压碎压实整平，确保无大土块和大颗粒，这样既有利于花生出苗，又有利于薄膜展铺，使膜面与垄面贴得更紧，就能解决拱形垄面、梯形垄坡的覆膜难和花生果针下扎容易滑坡的问题。

**2. 高度适宜**

起垄高度（沟底到垄面）在11cm左右最为合适。起垄过高，不仅不能保证垄面宽度，而且覆膜时垄坡下面难以盖严，膜容易被风刮起或刮掉，影响增温的效果。起垄过低，土层薄不利于花生的生长与发育，也不利于排涝，容易造成多余的膜边盖死垄沟，影响水分的下渗。

**3. 按肥定宽**

垄底宽度可以根据当地土壤的地力、品种、密度和膜宽而定，如中等肥力土壤种植早熟花生品种，垄底宽80cm左右；中高等肥力的土壤种植晚熟大花生品种，垄底宽90cm左右。

**4. 起垄种植方式**

（1）起垄种植大垄双行（流行模式），垄底宽85cm，垄高12cm，垄面宽65cm，垄上播2行，穴距15cm，每亩开10 000穴，每穴播2粒。

（2）单行起垄种植，垄宽60cm，垄高10cm，株距15cm，每亩开8 000穴，每穴播2粒。

（3）小垄密植，垄宽 40cm，垄高 10cm，株距 15cm，每亩开 10 000 穴，每穴播 2 粒。

（4）大垄三行，垄底宽 120cm，垄高 12cm，株距 14cm，大行距 50cm，小行距 30cm，每穴播 2 粒。

## 二 施足底肥

### 1. 起垄施肥

在平地面均匀撒施底肥后起垄或旋耕后撒施底肥起垄，这样肥料在垄上的土壤中分布比较均匀，更加有利于根系的扩散和吸收，从而促进高产。因为植物的根系具有趋肥的特性，肥料分散得好，根系的发散能力就比较强，结的花生果就比较大也比较多。一般施有机肥 2 500～3 000kg/亩、氮（N）6kg、磷（$P_2O_5$）12kg/亩、钾（$K_2O$）12kg/亩。如果是机械起垄，也可以起垄施肥一次性完成。

### 2. 平衡施肥

实行平衡施肥有利于高产增收。垄作花生施肥，应将 80% 肥料在平地冬耕或春耕时施入，20% 起垄时包于垄内。复合肥不可与种子直接接触，易发生肥害。硅根解地肥料可以和种子直接接触，它不仅能促使种子提前生根发芽，并且还能起到保水的效果。

## 三 精细播种

### 1. 选用良种

由于夏季高温多雨，病虫多发，起垄种植夏直播花生生育期短，个体发育差，应根据当地生态条件，选择早熟、耐密植、综合抗性好、生育期在 110 天以内的高产优质花生品种。如远杂 9102、丰花 1 号、驻花 1 号、豫花 22 号、鲁花 10 号等花生品种。

### 2. 整地与播种

精细整地对提高夏播起垄种植花生播种质量，特别是机械化播种质量至关重要。它有利于实现苗全苗壮，促进花生生长发育，从而提高产量。保证整地质量的关键是机械化收获小麦后所留的麦茬要低，田间小麦秸秆最好清除，耕地时土壤墒情要适宜，一般以浅耕为宜（麦后可深耕、浅耕交替进行，或一年深、两年浅），真正做到精耕细耙，地面平整。

起垄播种一般垄高为 10~15cm，垄距为 70~80cm，垄沟宽 20~30cm，垄面宽 40~50cm，花生小行距控制在 20cm 左右，即要保持花生种植行与垄边有 10cm 以上的距离，利于花生果针入土。

播种要做到足墒播种，或播后顺沟灌溉，播深 3~5cm。机械化播种可一次完成起垄、开沟、施肥、播种、覆土、喷除草剂等作业，不但省工省时，而且能提高播种质量。

### 3. 适度密植

早播是起垄种植夏播花生高产的关键。据研究，随着播期的推迟，夏播花生产量明显降低。因此，夏播花生应及早播种，越早越好，最晚不能迟于 6 月 20 日。

起垄种植夏播花生生育期短，个体发育在一定程度上受到影响，单株生产力低，因此应加大种植密度，依靠群体提高花生产量。双粒播种时，中上等肥力地块，适宜种植密度为 12 000~13 000 穴／亩；中等肥力以下地块，适宜种植密度为 13 000~15 000 穴／亩。机械化单粒播种时，适宜种植密度为 20 000 株／亩以上。

### 4. 机械播种

花生起垄种植应使用专用播种机械，能一次完成起垄、播种、施肥、喷施除草剂等作业，不但省工省时，而且能提高播种质量，花生出苗整齐一致。

## 四 田间管理

### 1. 及时释放幼苗

当花生幼苗穿破地膜露出真叶时，及时将播行上的土埂撒到垄沟内。缺穴的地方及时补种，对于膜上播种行上方压土不足，花生幼苗不能自动穿破地膜的，要人工破膜放苗。放苗应在上午 9 时前或下午 4 时后进行。具体做法是：在播种穴上方开一个直径 4~5cm 的圆孔，并在圆孔上盖高 4~5cm 的土墩。当幼苗再次露出，基本齐苗时，及时将膜孔上的土堆撒到垄沟内。四叶期至开花前及时抠出压埋在地膜下面的侧枝。

### 2.叶面施肥

花生进入结荚期后，叶面喷施1%的尿素和2%~3%的过磷酸钙澄清液，或0.1%~0.2%磷酸二氢钾水溶液2~3次（间隔7~10天），每次喷洒50~75kg/亩。

### 3.防止旺长、倒伏

花生进入花针期生长开始加快，当结荚初期株高达35cm，主茎日增量超过1.5cm时，每亩用15%的多效唑可湿性粉剂30~50g，或5%的烯效唑可湿性粉剂20~40g，兑水40kg左右，叶面均匀喷洒，防止旺长倒伏。

### 4.旱浇涝排，防止积水

在种植过程中，适量的灌溉非常重要。特别是在干旱季节，应加强灌溉，保证作物的生长需水。但同时也要避免过量灌溉，以免导致土壤板结和根部窒息。

6—9月降水量大、涝灾频繁，易造成土壤缺氧，影响花生根部营养物质吸收，严重时造成烂果。因此，雨后应及时排出积水，为花生生长发育创造良好的生态环境。

### 5.适时收获

花生成熟后要及时收获，可采用分段式收获机械或联合收获机械收获。花生成熟（植株中下部叶片脱落，上部1/3叶片变黄，荚果饱果率超过80%）时应及时收获。收获摘果后，应及时晾晒或机器烘干，当花生荚果水分降至10%以下时，入库储藏。

## 第四节　花生病虫害防治

### 一　主要病害防治

#### 1.花生叶斑病（包括黑斑病、褐斑病）

**症状**　叶片上会出现圆形或不规则形病斑。黑斑病病斑中央黑色，边缘暗褐色；褐斑病病斑黄褐色，边缘红褐色，病斑周围有黄色晕圈。

**选用抗病品种** 种植抗病性强的花生品种。

**药剂防治** 发病初期喷施多菌灵、甲基硫菌灵、苯醚甲环唑等杀菌剂,每隔7~10天喷一次,连续喷2~3次。

**农业措施** 合理密植,保持田间通风透光;增施有机肥,提高植株抗病能力;及时清除病株残体,减少病菌来源。

2.花生锈病

**症状** 叶片上出现锈色病斑,病斑周围有黄色晕圈,严重时叶片变黄、干枯。

**药剂防治** 发病初期喷施三唑酮、戊唑醇、己唑醇等杀菌剂,每隔7~10天喷一次,连续喷2~3次。

**农业措施** 合理密植,保持田间通风透光;增施有机肥,提高植株抗病能力;及时清除病株残体,减少病菌来源。

3.花生根腐病

**症状** 根部和茎基部出现水渍状病斑,病斑扩展后呈黑褐色,严重时整株死亡。

**药剂防治** 发病初期喷施多菌灵、甲基硫菌灵、苯醚甲环唑等杀菌剂,每隔7~10天喷一次,连续喷2~3次。

**农业措施** 避免连作,实行轮作;选择排水良好的地块种植;收获后及时清除病株残体,减少病菌来源。

4.花生白绢病

**症状** 根部和茎基部出现白色菌丝和褐色菌核,病株茎叶黄化、萎蔫,严重时整株死亡。

**药剂防治** 发病初期喷施多菌灵、甲基硫菌灵、苯醚甲环唑等杀菌剂,每隔7~10天喷一次,连续喷2~3次。

**农业措施** 避免连作,实行轮作;选择排水良好的地块种植;收获后及时清除病株残体,减少病菌来源。

5.花生病毒病

**症状** 叶片出现花叶、黄斑、皱缩、矮化等症状,严重时植株生长受阻,产量大幅下降。

*选用抗病品种* 种植抗病品种是防治病毒病最经济有效的措施。

*药剂防治* 发病初期喷施病毒钝化剂,如吗啉胍、宁南霉素等,每隔7~10天喷一次,连续喷2~3次。

*农业措施* 及时清除病株残体,减少病菌来源;防治传毒媒介,如蚜虫、叶蝉等;合理密植,保持田间通风透光。

### 6.花生青枯病

*症状* 叶片突然黄化、萎蔫,病株茎叶迅速凋萎,根部出现褐色病变,挤压根部有白色菌脓流出。

*药剂防治* 发病初期喷施多菌灵、甲基硫菌灵、苯醚甲环唑等杀菌剂,每隔7~10天喷一次,连续喷2~3次。

*农业措施* 避免连作,实行轮作;选择排水良好的地块种植;收获后及时清除病株残体,减少病菌来源。

总之,防治花生病害应采取综合防治措施,包括选用抗病品种、药剂防治、农业措施等,同时加强田间管理,保持田间通风透光,合理施肥,增强植株抗病能力。在实际操作中,应根据当地病害发生情况和气候条件,灵活调整防治措施,确保防治效果。

## 二 主要虫害防治

### 1.花生蚜虫

*症状* 成虫和若虫吸食花生叶片汁液,造成叶片皱缩、变形,影响光合作用和产量;同时,蚜虫还能传播病毒病。

*药剂防治* 在蚜虫发生初期,喷施吡虫啉、啶虫脒、噻虫嗪等杀虫剂,每隔7~10天喷一次,连续喷2~3次。

*生物防治* 释放蚜虫天敌,如瓢虫、草蛉、蚜茧蜂等,控制害虫种群数量。

*农业措施* 合理密植,保持田间通风透光,减少害虫发生;清除田间杂草,减少害虫藏匿场所;种植诱集作物,如玉米、大豆等,吸引害虫集中,便于集中防治。

## 2.花生叶螨

**症状** 成螨和幼螨吸食花生叶片汁液,造成叶片黄化、干枯,影响光合作用和产量。

**药剂防治** 在叶螨发生初期,喷施阿维菌素、哒螨灵、螺螨酯等杀螨剂,每隔7~10天喷一次,连续喷2~3次。

**生物防治** 释放叶螨天敌,如捕食螨、瓢虫等,控制害虫种群数量。

**农业措施** 避免连续种植花生或与其他易受叶螨侵袭的作物(如豆类、瓜类)轮作,以打断叶螨的食物链和生命周期,减少其种群积累。适时播种,合理密植,适时灌溉,保持土壤湿度适宜,过于干燥或湿润有利于叶螨繁殖。保护和利用自然天敌,如长毛钝绥螨、德氏钝绥螨等有益生物,控制叶螨数量。

## 3.花生金龟子

**症状** 成虫取食花生叶片,造成叶片缺刻、孔洞;幼虫(蛴螬)在土壤中取食花生根系,影响植株生长和产量。

**药剂防治** 在成虫发生初期,喷施高效氯氟氰菊酯、毒死蜱、辛硫磷等杀虫剂,每隔7~10天喷一次,连续喷2~3次;在幼虫发生期,施用辛硫磷、毒死蜱、噻虫嗪等颗粒剂,防治地下害虫。

**生物防治** 释放花生金龟子天敌,如寄生蜂、捕食性螨类等,控制害虫种群数量。

**农业措施** 合理轮作,避免连作;深翻土壤,破坏害虫越冬场所;种植诱集作物,如玉米、大豆等,吸引害虫集中,便于集中防治。

## 4.花生卷叶虫

**症状** 幼虫卷叶为巢,取食叶片,造成叶片破损,光合作用减弱,影响花生生长。

**药剂防治** 在幼虫发生初期,喷施阿维菌素、甲氨基阿维菌素苯甲酸盐、氯虫苯甲酰胺等杀虫剂,每隔7~10天喷一次,连续喷2~3次。

**生物防治** 释放花生卷叶虫天敌,如瓢虫、草蛉等,控制害虫种群数量。

**农业措施** 实行轮作制度,避免连续种植花生,以减少虫害积累。加强田间管理,合理密植,保持良好的通风透光条件,促进植物健康生长,提高抗虫性。及时清理田间杂草,减少害虫的滋生地。收获后彻底清理田间残留物,减少越冬虫源。

### 5.花生天牛

**症状** 成虫钻蛀花生茎秆,造成茎秆折断、倒伏;幼虫在茎秆内取食,影响植株生长和产量。

**药剂防治** 在成虫发生初期,喷施高效氯氟氰菊酯、毒死蜱、辛硫磷等杀虫剂,每隔7~10天喷一次,连续喷2~3次;在幼虫发生期,施用辛硫磷、毒死蜱、噻虫嗪等颗粒剂,防治地下害虫。

**生物防治** 释放花生天牛天敌,如寄生蜂、捕食性螨类等,控制害虫种群数量。

**农业措施** 合理轮作,避免连作;深翻土壤,破坏害虫越冬场所;种植诱集作物,如玉米、大豆等,吸引害虫集中,便于集中防治。

### 6.花生豆象

**症状** 花生豆象的幼虫会在花生果实内部蛀食,导致花生仁受损。它们通常从花生的一端开始蛀入,形成细小的蛀孔,并在花生内部蛀成通道,吃掉花生仁的内容物,留下空壳或部分空洞的果仁。受害花生可能会出现变色,部分区域因幼虫蛀食而发霉或腐烂,更容易并发霉菌感染,导致花生减产和死亡。

**药剂防治** 在成虫和幼虫发生初期,喷施高效氯氟氰菊酯、阿维菌素、噻虫嗪等杀虫剂,每隔7~10天喷一次,连续喷2~3次。

**生物防治** 释放花生豆象天敌,如瓢虫、草蛉等,控制害虫种群数量。

**农业措施** 避免连续种植花生,与非寄主作物轮作,减少害虫的积累。及时清理田间落果和残株,减少害虫的越冬场所。花生成熟尽快收获,减少花生豆象在田间产卵的机会。

总之,防治花生虫害应采取综合防治措施,包括药剂防治、生物防治、农业措施等,同时加强田间管理,保持田间通风透光,合理施肥,增强植株抗病能力。在实际操作中,应根据当地虫害发生情况和气候条件,灵活调整防治措施,确保防治效果。

# 第五章

## 大豆高产高效栽培技术

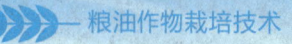

# 第一节 大豆播种技术

## 一 适宜环境

大豆的生长环境需要综合考虑气候、土壤、水分和海拔等多个因素。应根据当地的具体条件,选择适宜的品种和栽培管理措施。

**生长环境**

**温度** 喜温暖,适宜生长的温度为20~30℃,最适宜的温度为25℃。大豆的生长期较长,需要充足的积温,适宜的年积温为2 800~3 200℃。

**光照** 喜欢大量的光照,因此种植地不能过于阴暗或者阻塞光照。但大豆也是一种短日照作物,要控制好每天的光照时间,以促进大豆开花。

**水分** 对水分要求较高,喜欢土壤湿润但不过湿。在不同的生长阶段有着不同的需水量,在播种至出苗期保持在55%左右,开花期水分的需求量大,但又不能浇水过多,防止沤根烂花。

**土壤** 大豆喜欢土壤疏松、排水良好的土地,土壤pH值为5.5~7.5最适合大豆生长。适宜的土壤类型主要有普通和肥沃的砂质壤土、沙壤土和砂质黏土。

## 二 我国大豆分布地区

**1.春大豆区**

**东北区** 主要包括黑龙江、吉林、辽宁与内蒙古东部四盟。

**黄土高区** 主要包括河北北部、山西北部、陕西北部、内蒙古高原一部、宁夏部分地区及河套灌区等。

**西北区** 主要为新疆农区。

**2.夏大豆区**

**冀晋中部区** 主要包括河北长城以南、石家庄、天津一线以北,陕西中部和东南部等地区。

<u>黄淮海流域区</u>　主要包括石家庄、天津一线以南地区,山东、河南大部分地区,江苏洪泽湖地区,安徽淮河以北地区,山西西南部地区,陕西关中地区,甘肃天水地区。

**3. 春、夏大豆区**

<u>长江流域春夏大豆亚区</u>　主要包括江苏、安徽两省长江沿岸部分地区,湖北全部地区,河南、陕西南部地区,浙江、江苏、湖南的北部地区,四川盆地及东部丘陵地区。

<u>云贵高原春夏大豆亚区</u>　主要包括云南、贵州两省绝大部分地区,湖南和广西的西部地区,四川西南部地区。

**4. 春夏秋大豆区**

主要包括浙江南部地区,福建、江西、湖南、广东、广西大部分地区。

## 三　良种选择

**1. 选择适应性强的品种**

根据当地的气候、土壤和生态环境条件,选择适应性强的品种。不同的品种对环境的适应能力不同,有些品种适合温暖干燥的地区,而另一些品种则适合湿润多雨的地区。应该了解所在地区的气候特点和土壤条件,选择适应性强的品种,以确保大豆的生长和发育能够得到良好的支持。

**2. 根据土壤及当地雨水条件选择品种**

平原肥沃地宜选用耐肥力强、秆壮不倒的有限结荚良种,否则,易倒伏,造成减产;瘠薄地宜选用生育繁茂、耐瘠薄的无限结荚良种。机械化栽培时,应选用植株高大、不倒伏、分枝少、株型紧凑、不裂荚的良种。

干旱少雨地区,宜选用分枝多、植株繁茂、中小粒、无限结荚的品种;雨水较多的地区,宜选用主茎发达、秆壮不倒、中大粒、有限结荚的良种。

**3. 选择具有良好抗病虫害性的品种**

大豆是容易受到多种病虫害侵袭的作物,如大豆蚜虫、大豆花叶病、大豆根瘤菌等。选择具有良好抗病虫害性的品种,可以减少病虫害对大豆产量的影响,减少农民对农药的依赖。

#### 4. 根据市场需求和消费者偏好选择品种

大豆是一种广泛应用于食品、饲料和工业领域的农产品。因此,选择具有市场竞争力的品种非常重要。应了解当地和全球市场对大豆品种的需求和消费者的偏好,选择那些符合市场需求和消费偏好的品种,这样才能带来可观的经济效益。

### 四 土壤改良

#### 1. 有机肥料的施用

施用有机肥料是改善土壤质量的重要手段。有机肥料可以增加土壤的有机质含量,提高土壤的保水性和肥力。常用的有机肥料包括农家肥、畜禽粪便、堆肥等。农民可以将有机肥料施入土壤中,增加土壤的肥力,改善土壤结构。

#### 2. 翻耕和松土

定期的翻耕和松土可以改善土壤的通气性和渗透性。通过翻耕,可以改善土壤的松散程度,增加土壤中的孔隙和根系生长的空间。松土可以改善土壤结构,促进水分和养分的渗透,提高土壤的利用率。

#### 3. 石灰的施用

土壤的酸碱度对植物的生长有着重要影响。过酸或过碱的土壤都不利于大豆的生长。通过施用石灰可以调节土壤的pH值,使其适宜大豆的生长。农民可以在土壤测试结果显示土壤过酸或过碱时,适量施用石灰进行调节。

#### 4. 绿肥的利用

绿肥是指在大豆种植之前或休闲期间种植的一些绿色植物。常用的绿肥植物包括菜豆、苜蓿、燕麦等。绿肥植物具有生长快速和营养丰富的特点,可以通过光合作用吸收大气中的$CO_2$,将其转化为有机物质,并在死亡后释放养分到土壤中。种植绿肥可以改善土壤的结构和增加养分含量,提高土壤肥力。

### 五 轮作换茬

大豆是其他作物良好的前茬。大豆根部生有根瘤,根瘤中的根瘤菌能固定空气中的游离氮素,有提高土壤肥力的效果。大豆对前作要求不严格,大豆茬是轮作中的好茬口。大豆最忌重茬（同种作物在同一地块重复种植）和迎茬（同种作物在同一地块隔年种植），不论重茬还是迎茬，都会导致大豆的减产。大豆也不宜种在其他豆类作物之后，主要原因是大豆在生育期间需要吸收大量磷素和钾素，致使土壤氮磷比例失调。另外，重茬、迎茬易引起大豆病虫害发生，根系分泌的酸性物质会影响微生物和根瘤菌的发育而导致减产。大豆最好与禾谷类农作物，如玉米、小麦、谷子等实现3年以上的轮作。

## 六 播种方法

### 1. 种子处理

**晒种** 在贮藏条件差或种子含水量较高的情况下，播种前应晒种2~3天。晾晒后，将种子摊开散热降温，再装入袋子备用。

**根瘤菌拌种** 每亩用种量拌5g根瘤菌粉，避光情况下均匀拌种，阴干后24小时内播种，注意拌种后不能混用杀菌剂。根瘤菌粉的制作：可以从上年大豆植株中选留根瘤多的植棵，风干，用时将根菌摘下，磨成菌粉即可。一般拌种可增产6%~12%。

**种子包衣** 用35%多克福种衣剂进行包衣，药种比为1∶75或用2.5%适乐时悬浮种衣剂按种子重量的0.2%~0.4%进行种子包衣。注意：若用根瘤菌拌种，就不可再用种衣剂进行种子包衣。

**微肥拌种** 钼酸铵：每千克豆种用5g，拌种用液量为种子重的0.5%。先将钼酸铵磨细，放在容器内加少量热水溶化，加入相应的水，用喷雾器喷在大豆种子上，阴干后播种。硼砂：每千克豆种用0.4g。首先将硼砂溶于16ml热水中，然后与种子均匀混拌。硫酸锌：每千克豆种用4~6g，拌种用液量为种子重的0.5%。

### 2. 播种方法

**穴播** 穴播是在苗带上，按一定距离成穴种植大豆，每穴播种3~4粒，按种植计划每穴留苗2~3株。穴播具有密中有稀、穴距大、株距小的特点，能够改善光、温、水等外界环境条件，使个体与群体发育健壮，长势良好。

**条播** 条播是一种在大豆种植中比较常见的播种方法。种子播下后形成条形苗带，一般苗带宽度为8cm左右。从人工条播发展到机械条播，使用机引或畜力牵引条播机,随播随起垄或平播出苗后起垄。机械条播实现了开沟、下种、复土连续作业,播种深浅一致。播后应及时镇压。

**点播** 点播是一种精量播种方法,主要采用大豆精量播种机,能够按密度要求在苗带上实现等距单粒或双粒。点播可以做到开沟、点种、覆盖、镇压连续作业,不但加快了播种进度,缩短了播期,而且播深一致,出苗齐,提高了出苗率。

### 3.合理密植

合理密植大豆的关键在于根据大豆品种特性、土壤肥力、种植季节以及管理水平等因素,科学地确定适宜的种植密度,以达到既充分利用土地和光能资源,又避免过度竞争导致减产的目的。

(1) 品种因素

**株型与分枝性** 植株高大、分枝多、株型开展的大豆品种,由于其生长茂盛,相互间遮阴,影响较大,适合较低的密度,以保证通风透光。反之,植株矮小、分枝少或株型收敛的品种,可以适当增加密度,以便更好地利用土地。

**生育期** 早熟品种由于生育期短,植株生长相对紧凑,可适当密植;而晚熟品种由于生育期长,植株高大,应适当稀植,以防后期田间郁闭。

**结荚习性** 有限结荚习性的品种适合密植,无限结荚习性的品种适合稀植。

(2) 土壤肥力与肥水因素

**肥力充足** 土壤肥沃、肥水条件好的地块,大豆生长旺盛,应适当稀植,防止植株过于密集导致通风透光不良,影响光合作用和养分吸收。

**肥力贫瘠** 土壤贫瘠、肥水条件较差的地块,大豆生长受限,可通过增加密度来充分利用土壤资源和光照,但要注意适度,避免过度密植导致植株生长受抑。

(3) 播种期因素

**早播** 春季早播的大豆,由于生长期较长,可适当稀植,以利于植株充分生长和发育。

**晚播(夏播)** 晚播大豆由于生长期相对较短,应适当密植,以提高单位面积上的植株数,增加产量。

#### (4) 种植密度

**行距与株距** 通常建议行距为 30~40 cm,株距可根据品种特性和土壤肥力进行调整。如采用 30cm×30cm 的种植模式,可根据实际情况调整为 25cm 左右的株距。

**亩株数** 根据品种、土壤肥力、播种时间、耕作制度等多种因素有所变化,总体目标是维持每亩 10 000~12 000 株,但在不同肥力条件下可有所调整。土壤肥沃、管理良好的地块可以采用稍低密度,如 1.3 万株左右,而在土壤贫瘠或播种较晚的情况下,密度可增加至 1.5 万株左右。

合理密植大豆需要综合考虑多个因素,通过灵活应用上述原则,结合当地的具体情况,如品种推荐密度、历年种植经验、田间试验数据等,制定出适应当地条件的最优种植密度方案。

## 第二节　大豆田间管理

### 一　出苗期管理

#### 1. 查苗补苗

**查苗** 大豆出苗后,要及时到田间巡查,检查出苗情况,记录出苗率、出苗均匀度,以及是否存在缺苗、弱苗、病苗等问题。

**补苗** 对于缺苗断垄现象,应及时补种或移栽。补种时,可选取同品种的种子浸泡催芽后补播。移栽时,则选择附近地块健壮幼苗带土移栽。断垄 30cm 以上的,建议补种或移栽;断垄不足 30cm 的,可在断垄两端保留双株,不再另行补种或移栽。

#### 2. 间苗定苗

**间苗** 当大豆子叶展开时开始间苗,剔除疙瘩苗、弱苗和杂苗,保持适当的株距,避免幼苗拥挤导致生长受阻。

**定苗** 在首片复叶出现时进行定苗,定苗密度应根据地力、品种特性,以及播种密度来确定。一般而言,点播每穴留 2 株,条播行距 40cm,计划密度为 1.5 万株/亩时,每米留 9 株;计划密度为 2.5 万株/亩时,每米留苗 15 株;计划密度为 3.5 万株/亩时,每米留 24 株。

### 3.中耕除草

**初次中耕** 间苗后应立即进行中耕除草,以疏松土壤,破除板结,促进幼苗根系生长,同时清除田间杂草,避免杂草与大豆幼苗争夺养分和光照。

**中耕深度与次数** 幼苗期中耕宜浅,深度不超过 8cm,以免伤及幼根。全生育期至少进行 3~4 次中耕,遵循"浅—深—浅"的原则,随着根系的下扎逐渐加深中耕深度,最后一次中耕宜浅,以保护根系。同时,随中耕进行培土,逐步培起土埂,有助于抗旱、防倒伏和排涝。

### 4.水肥管理

**水分管理** 出苗期保持土壤适度湿润,如遇干旱应及时灌溉,但要避免大水漫灌,以免造成土壤板结或幼苗涝渍。

**追肥** 根据土壤肥力和幼苗长势,可酌情施用提苗肥,以速效氮肥为主,配合磷、钾肥,促进幼苗快速生长。施肥应遵循"少量多次"的原则,避免一次性施肥过多导致烧苗。

### 5.覆盖物管理

**地膜覆盖** 如采用地膜覆盖种植,应在大豆出苗后及时放苗,避免幼苗被地膜高温烫伤。放苗后,用土封严苗孔,防止膜下杂草滋生。

**秸秆覆盖** 若采用秸秆覆盖,需确保出苗不受阻碍,如有必要可适当移除覆盖物,避免影响幼苗光照和通风。

### 6.气象应对

**低温防御** 遇低温寒潮天气,可采取熏烟、覆盖保温材料等措施,减轻低温对幼苗的伤害。

**高温防晒** 若气温过高,可适当灌溉、遮阳或喷施叶面肥增强幼苗抗热能力。

综上,大豆出苗期管理主要围绕提高出苗率、优化群体结构、保持田间卫生、提供适宜的生长环境,以及预防病虫害等方面进行,通过精细化管理确保大豆幼苗健壮、整齐，为后续生长奠定坚实基础。

## 二 幼苗分枝期管理

大豆幼苗进入分枝期后，其生长速度加快，营养生长与生殖生长并进，此时的田间管理对大豆最终产量和品质至关重要。

### 1. 水肥管理

**追肥** 分枝期是大豆营养需求迅速增加的阶段，应根据土壤肥力和大豆长势适时追肥。一般以速效氮肥为主，配合磷、钾肥，促进植株生长和花芽分化。追肥量根据地块肥力和大豆生长情况确定，一般每亩可施用磷酸二铵10~15kg，尿素3~5kg。对于有旺长趋势的地块，应适当控制氮肥用量，防止徒长。

**灌溉** 保持土壤水分适中，既要满足大豆旺盛生长的需求，又要避免水分过多导致病害加重或倒伏。

### 2. 中耕除草

**中耕** 中耕可疏松土壤，改善通气状况，促进根系发育，同时可抑制杂草生长。分枝期可根据具体情况掌握中耕深度，旺长地块宜深些，一般地块宜浅些。中耕时注意不要损伤根系，特别是主根。

**除草** 及时清除田间杂草，减少与大豆的竞争。可结合中耕进行人工除草，或在杂草萌发初期喷施选择性除草剂。对于已经长大的杂草，应尽快拔除，避免其遮挡阳光，消耗土壤养分。

### 3. 生长调控

**培土** 对植株进行培土，以加固根系，防止倒伏，尤其是多风地区和土壤质地较松的地块尤为重要。同时，培土也有助于改善土壤结构，促进根系下扎。

**化控防徒长** 对于长势过旺、有徒长倾向的地块，可喷施植物生长调节剂，如多效唑，控制植株高度，促进分枝，防止倒伏。

### 4. 田间观测与记录

**生育期观察** 密切关注大豆的生育进程，记录分枝、开花、结荚等关键时期的生长状态，为后续管理决策提供依据。

**灾害预警** 留意天气预报，预防极端气候事件（如强降雨、高温、干旱等）

对大豆生长的影响，提前做好防护措施。

通过上述各项管理措施，确保大豆在分枝期能够健康、均衡生长，促进分枝多、花芽分化多，为后期多开花、多结荚、高产打下坚实的基础。同时，注重病虫害的预防和控制，保持田间良好的生态平衡，确保大豆安全生产。

### 三 开花结荚期管理

大豆开花结荚期是大豆生长发育的关键时期，这一阶段的管理直接关系到大豆的产量和品质。

#### 1.水肥管理

**灌溉** 开花结荚期大豆对水分需求增大，需保持土壤湿度适宜，防止干旱导致花荚脱落。遇干旱应及时灌溉，灌溉方式以小水勤浇，保持土壤湿润为宜。同时，注意雨后及时排水，避免田间积水导致根系缺氧及病害发生。

**追肥** 开花结荚期是大豆一生中吸肥最多的时期，应根据大豆长势和土壤肥力情况，巧施花荚肥。可施用速效氮肥（如尿素）和磷钾肥（如磷酸二氢钾），并配合叶面喷施微量元素水溶肥，如硼、钼等微肥，以提高授粉率，增加结荚数，促进籽粒发育。对于长势过旺的地块，应控制氮肥施用量，避免引发植株徒长和倒伏。

#### 2.生长调控

**防止徒长** 对于肥水充足、长势过旺的地块，可以通过化学调控（如喷施多效唑、矮壮素等生长调节剂）或人工摘心打顶等方式，控制植株高度，促进茎秆粗壮，增强抗倒伏能力。

**中耕除草** 适时进行中耕除草，改善土壤通气条件，防止杂草与大豆争肥争光，同时有助于增强土壤微生物活性，促进根瘤菌的固氮作用。中耕时注意避免伤根。

#### 3.抗旱排渍

**抗旱** 在干旱条件下，及时灌溉，确保土壤水分充足，满足大豆开花结荚时对水分的需求。可采用滴灌、喷灌等节水灌溉方式，提高水分利用率。

**排渍** 遇到连续降雨或积水时，要及时疏通沟渠，排除田间积水，防止大豆根系长时间浸水导致烂根、黄叶、落花落荚等问题。

#### 4.田间环境优化

**通风透光** 保持合理的种植密度,通过间苗、修剪过密枝叶等方式,改善田间通风透光条件,减少病虫害发生,促进光合作用和花荚发育。

**防风抗倒** 对于易发生大风的地区,可采取设置防风屏障、培土加固根系等措施,增强大豆植株的抗倒伏能力。

#### 5.叶面营养补充

**叶面喷肥** 在开花结荚期,除了根部追肥外,还可以通过叶面喷施磷酸二氢钾、硼砂、钼酸铵等叶面肥,补充大豆生长所需营养元素,促进花荚发育和籽粒饱满。

通过上述综合管理措施,确保大豆在开花结荚期能顺利开花、授粉、结荚,减少花荚脱落,提高籽粒饱满度,从而实现高产优质的生产目标。同时,密切关注天气变化,及时应对可能的自然灾害,保证大豆生长不受或少受影响。

### 四 鼓粒成熟期管理

大豆鼓粒成熟期是大豆品质形成和提高产量的关键阶段,这一时期的管理主要围绕保粒增重、防病防虫、保持适宜的水分、养分供应,以及适时收获等方面进行。

#### 1.水分管理

**灌溉** 鼓粒期对水分敏感,土壤应保持适宜的湿度,防止水分亏缺导致秕粒增多。在干旱情况下,应及时灌溉,但要避免大水漫灌,以免造成土壤氧气不足、根系受损或引发病害。灌溉方式以滴灌、喷灌等节水灌溉为佳,既能保证水分供应,又能减少土壤结构破坏。

**排涝** 如果遇到连续降雨或积水,要及时排涝,避免田间长时间积水导致根系缺氧、病害发生或早衰。

#### 2.养分管理

**追肥** 根据大豆长势和土壤肥力,适量追施速效磷钾肥,如磷酸二氢钾,以促进籽粒饱满,提高千粒重。可采用叶面喷施的方式,减少土壤淋失,提高养分利用率。

**根外追肥** 对于缺素症状明显的地块,可叶面喷施微量元素肥料(如硼、钼等），以满足大豆鼓粒期对微量元素的需求。

3.抗倒伏管理

**培土固根** 在大豆生长后期，可进行培土，加固根系，提高植株抗倒伏能力。特别是在风雨较多的地区，培土尤为重要。

**化学调控** 对于长势过旺、有倒伏风险的大豆田，可喷施植物生长调节剂，如多效唑、矮壮素等，抑制茎秆过度伸长，增强茎秆韧性。

4.叶面营养补充

**叶面喷肥** 在鼓粒初期，可喷施含氮、磷、钾、微量元素的叶面肥，如尿素、磷酸二氢钾、硼砂、钼酸铵等，以补充养分，促进籽粒饱满。

5.适时收获

**成熟度判断** 观察大豆植株整体颜色变化，当豆叶大部分变黄、豆荚变黄、籽粒变硬，呈现本品种应有的色泽时，表明大豆已进入成熟期。此时，可用手捏豆粒，感觉坚硬，籽粒与豆荚分离容易，即达到收获标准。

**机械收获** 选择晴朗天气，使用大豆收割机进行机械收获，尽量减少田间损失。收获后及时晾晒，防止霉变，确保大豆品质。

通过上述措施，确保大豆在鼓粒成熟期获得充足的水分、养分供应，有效防治病虫害，保持良好的田间环境，促进籽粒饱满、增重，最终实现高产、优质的目标。

## 第三节　玉米大豆带状复合种植技术

玉米大豆带状复合种植技术是一种通过合理布局玉米和大豆种植结构，实现两种作物在同一地块内共生、互利、增产的高效种植模式。

### 一　品种选择

**耐荫性** 由于大豆在复合种植体系中处于玉米下方，光照条件相对受限，应选择耐荫性好的大豆品种，能在较低光照条件下正常生长发育。

**抗倒伏性** 大豆品种应具有较强的抗倒伏能力，特别是在复合种植模式下,大豆行间通风透光条件相对较差,抗倒伏性显得更为重要。

**早熟性** 选择早熟或中早熟品种,以确保在有限的生长期内完成生育过程,减少与玉米竞争光照和水分的时间,且能适应较短的生长季节。

**株型** 选择株型矮壮、分枝少、结荚位置较高的品种,有利于减少与玉米的相互遮挡,提高大豆的光能利用率。

**抗病虫性** 选择对当地主要大豆病虫害具有良好抗性的品种,以降低病虫害损失,保证产量稳定。

**适宜机械收获** 选择籽粒成熟后不易炸荚、植株倒伏后不易落粒、株型较为一致的大豆品种,有利于机械化收获。

## 二 种植模式设计

**带状布局** 通常采用两行玉米与四行大豆(2∶4)或两行玉米与六行大豆(2∶6)的带状配置。玉米行与大豆行交错排列,形成宽窄行种植结构,有利于光照、通风和田间管理。

**行距设置** 玉米窄行距一般为 40~50cm,大豆窄行距一般为 20~30cm。玉米与大豆之间的间距一般为 70~90cm,以保证玉米不影响大豆的光照需求,同时大豆能充分利用玉米行间的散射光。

## 三 播种管理

**播种顺序** 先播种玉米,待玉米出苗后一段时间(如玉米抽雄前),再播种大豆,以减少大豆幼苗期与玉米的竞争。

**播种深度** 玉米播种深度一般为 5~7cm,大豆播种深度一般为 3~5cm。

**播种密度** 玉米每亩播种密度一般为 4 000~5 000 株,大豆每亩播种密度一般为 8 000~10 000 株。具体密度需根据品种特性、土壤肥力和气候条件调整。

## 四 肥料施用

**基肥** 施足有机肥和复合肥,确保土壤养分供应充足。根据土壤检测结果,适当调整氮、磷、钾比例,特别注意磷、钾肥的施用,以促进根系发育和籽粒饱满。

**追肥** 玉米拔节期和大喇叭口期追施氮肥,大豆初花期追施磷、钾肥。可结合灌溉进行水肥一体化施用。

## 五 水分管理

**灌溉** 根据土壤墒情和作物需水规律,适时灌溉。玉米需水量较大,特别是在抽雄至灌浆期;大豆需水量相对较少,但鼓粒期需保持土壤湿润。

**排水** 田间排水设施要完善,防止雨季积水导致根系缺氧、病害发生或早衰。

## 六 田间管理

**中耕除草** 播种后适时进行中耕除草,保持土壤疏松,减少杂草竞争。后期可结合化学除草。

**化控** 对生长过旺的玉米田,适时喷施植物生长调节剂,如矮壮素、缩节胺等,防止倒伏。

## 七 收获与储藏

**收获** 玉米和大豆成熟度接近时,采用专用复合种植收获机械进行联合收获。注意玉米籽粒含水量和大豆荚果成熟度,确保收获质量。

**储藏** 收获后及时晾晒,玉米籽粒含水量降至安全储存水平(约14%)后入库,大豆则需晒干至籽粒含水量低于13%,避免霉变。

实施该技术需结合当地实际情况,科学规划,精细管理,以实现玉米大豆双丰收。

# 第四节 大豆病虫害防治

## 一 主要病害防治

大豆在生长过程中可能面临多种病害的威胁,这些病害对大豆的产量和品质造成不同程度的影响。

### 1.大豆锈病

*症状* 主要表现为叶片上出现锈色病斑,后期病斑上产生大量锈色粉状物(即病菌夏孢子),严重时叶片早衰,影响光合作用和产量。

*药剂防治* 在病害发生初期,使用三唑酮、戊唑醇、氟环唑等内吸性杀菌剂喷雾,每隔7~10天喷施一次,连喷2~3次。

*农业措施* 合理密植,保持田间通风透光,及时清除病残体,减少病菌越冬基数。

### 2.大豆灰斑病

*症状* 叶片上出现圆形或椭圆形灰褐色病斑,中央灰白色,边缘明显,后期病斑上产生黑色小点(即病菌子囊壳)。

*药剂防治* 发病初期喷施代森锰锌、甲基硫菌灵、多菌灵等保护性杀菌剂,或在病害发生较重时使用苯醚甲环唑、嘧菌酯等治疗性杀菌剂。

*农业措施* 合理轮作,避免连作,及时清除病残体,保持田间清洁。

### 3.大豆霜霉病

*症状* 叶片背面出现白色霜霉状物(即病菌孢囊梗和孢子囊),正面病斑呈黄绿色,严重时叶片枯黄脱落。

*药剂防治* 发病初期喷施霜脲氰、烯酰吗啉、嘧菌酯等高效杀菌剂,注意交替用药,避免病菌产生抗药性。

*农业措施* 避免田间湿度过大,合理灌溉,保持排水畅通,及时清除病叶。

### 4.大豆根腐病

*症状* 根部和茎基部变黑、腐烂,地上部分黄化、矮缩,严重时整株死亡。

*种子处理* 播前用咯菌腈、精甲霜·锰锌等药剂拌种,或使用含有这些成分的种衣剂包衣。

*药剂防治* 发病初期可用甲霜灵、噁霉灵、噻菌铜等灌根,同时配合喷施叶面杀菌剂,如甲基硫菌灵、多菌灵等。

*农业措施* 避免田间积水,改善排水条件,合理轮作,减少病菌积累。

### 5.大豆细菌性斑点病

*症状* 叶片上出现水浸状小斑点,后扩大为圆形或不规则形病斑,中央灰

白色,周围黄褐色,有时有黄色晕圈。

**药剂防治** 发病初期喷施农用链霉素、新植霉素、噻唑锌等抗生素类杀菌剂,或铜制剂如氢氧化铜、波尔多液等。

**农业措施** 避免田间湿度过大,合理灌溉,减少伤口产生,及时清除病残体。

### 6.大豆病毒病

**症状** 叶片出现褪绿斑点、黄化、皱缩、畸形等症状,植株矮化,生长受阻。

**防治媒介昆虫** 如蚜虫、叶蝉等,减少病毒传播。

**药剂防治** 发病初期喷施病毒钝化剂,如吗胍·乙酸铜、盐酸吗啉胍等,或免疫诱抗剂,如氨基寡糖素、芸苔素内酯等,提高植株抗病能力。

**农业措施** 清除田间及周边杂草,减少病毒源,及时拔除病株,减少病毒扩散。

### 7.大豆疫霉根腐病

**症状** 根部和茎基部出现水浸状软腐,病部皮层易剥离,内部组织呈湿腐状,有恶臭味。

**药剂防治** 播前土壤处理可用五氯硝基苯、噁霉灵等,发病初期可用甲霜·锰锌、霜霉威盐酸盐等灌根。

**农业措施** 避免田间湿度过大,改善排水条件,合理轮作,减少病菌积累。

防治大豆病害应采取综合防治策略,包括选用抗病品种、种子处理、药剂防治、农业措施等。在实际操作中,应根据当地病害发生情况、气候条件、土壤类型等因素,科学制定防治方案,做到早防早治,合理用药,以降低病害损失,保障大豆生产安全。

## 二 主要虫害防治

大豆生长过程中会受到多种害虫的侵害,严重影响其产量和品质。

### 1.大豆蚜虫

**症状** 聚集在叶片、嫩茎、豆荚上吸食汁液,导致叶片卷曲、生长受阻,影响光合作用和籽粒饱满度。

**生物防治** 保护和利用天敌,如瓢虫、草蛉、蚜茧蜂等。

*药剂防治* 在蚜虫发生初期，使用吡虫啉、啶虫脒、噻虫嗪等高效低毒杀虫剂喷雾。

*农业措施* 合理密植，保持田间通风透光，及时清除田间杂草，减少蚜虫繁殖场所。

**2. 大豆食心虫**

*症状* 幼虫钻蛀豆荚，取食豆粒，造成豆粒空瘪，影响产量和品质。

*药剂防治* 在成虫羽化盛期和幼虫孵化初期，使用高效氯氟氰菊酯、甲维盐、毒死蜱等杀虫剂喷雾。

*农业措施* 及时收获，减少越冬虫源；种植抗虫品种；收获后深翻土壤，破坏越冬场所。

**3. 豆荚螟**

*症状* 幼虫蛀入豆荚，取食豆粒，导致豆粒空瘪，豆荚破裂，影响产量和品质。

*药剂防治* 在豆荚螟成虫羽化高峰期和幼虫孵化初期，使用氯虫苯甲酰胺、甲氨基阿维菌素苯甲酸盐、茚虫威等杀虫剂喷雾。

*农业措施* 及时清除田间落花落荚，减少虫源；种植抗虫品种；合理轮作，避免连作。

**4. 大豆红蜘蛛**

*症状* 成螨和若螨吸食叶片汁液，造成叶片褪绿、黄化，严重时叶片干枯脱落。

*药剂防治* 在红蜘蛛发生初期，使用阿维菌素、哒螨灵、螺螨酯等杀螨剂喷雾。

*农业措施* 保持田间湿度，避免干旱；清除田间杂草和枯枝落叶，减少越冬虫源。

**5. 大豆盲蝽**

*症状* 成虫和若虫刺吸叶片、嫩茎、豆荚汁液，造成叶片出现小白点、卷曲、畸形，影响光合作用和籽粒发育。

*药剂防治* 在盲蝽发生初期，使用高效氯氟氰菊酯、联苯菊酯、噻虫嗪等

杀虫剂喷雾。

**农业措施** 合理密植,保持田间通风透光;及时清除田间杂草,减少盲蝽栖息地。

### 6.大豆根结线虫

**症状** 在根部形成大小不等的根结,影响根系吸收功能,导致植株矮小、黄化、早衰。

**药剂防治** 播种前用阿维菌素、噻唑膦、氟吡菌酰胺等杀线虫剂进行土壤处理。

**农业措施** 轮作非豆科作物,减少线虫积累;合理施肥,增强植株抗病性。

### 7.大豆地老虎

**症状** 幼虫在土中咬断幼苗根茎,造成缺苗断垄。

**药剂防治** 在地老虎幼虫孵化初期,使用辛硫磷、毒死蜱、阿维菌素等杀虫剂拌土撒施或喷雾。

**农业措施** 清除田间杂草和作物残株,减少越冬虫源;合理密植,提高幼苗成活率。

防治大豆虫害应坚持"预防为主,综合防治"的原则,结合生物防治、化学防治和农业防治等多种手段,根据虫害发生情况适时采取措施,确保防治效果。同时,合理使用农药,避免产生抗药性,保护农田生态系统。

# 第六章

# 甘薯高产高效栽培技术

## 第一节　甘薯育苗技术

### 一　生长习性

**1. 适宜生长环境**

生长环境：

- **温度**　生长适温为22~28℃。萌芽期要求温度在15℃以上,低于15℃萌芽缓慢,高于35℃时,影响发芽率和苗的质量。块根形成和膨大期要求昼夜温差较大,有利于光合产物的积累。

- **光照**　为喜光作物,充足的光照有利于光合作用和养分积累,促进茎叶生长和块根形成。采用合理密植、适当修剪等方式,减少株间遮蔽,提高光能利用率。

- **水分**　生长初期,保持土壤湿润,促进薯苗生长和根系发育。块根形成期和膨大期,应保持土壤湿润而不积水,避免因水分过多导致烂根。收获前10~15天,应适当控水,以利于成熟和收获。

- **土壤**　甘薯对土壤类型适应性广,沙壤土、壤土、黏土均可种植,但以土层深厚、疏松、排水良好的沙壤土最为理想。土壤pH值以5.5~6.5为宜,过酸或过碱都可能导致养分吸收障碍。

**2. 分布地区**

甘薯(红薯、地瓜)在我国分布广泛,几乎遍布全国各地,尤其在温暖湿润的南方地区种植更为普遍。

**北方春薯区**　包括辽宁、吉林、河北、陕西北部等地。该区无霜期短,低温来临早,多栽种春薯。春薯一般在春季气温回升后种植,以充分利用短暂的生长季,确保块根成熟。

**黄淮流域春夏薯区**　属季风暖温带气候,包括山东、河南、安徽、江苏、山西及甘肃南部、陕西关中等地。此区气候温和,雨量适中,土壤肥沃,适宜春夏薯种植。春薯在早春播种,夏薯则在麦收后播种,充分利用夏秋季的热量资源。

**长江流域夏薯区** 除青海和川西北高原以外的整个长江流域,包括湖北、湖南、江西、上海、重庆及江苏南部、安徽南部、四川东部、云南东北部等地。这些地区热量丰富,雨量充沛,四季分明,适合夏薯种植。夏薯通常在麦收或早稻收获后种植,利用夏季高温多雨的气候条件,促进甘薯快速生长。

**南方夏秋薯区** 北回归线以北,长江流域以南,包括福建、江西、湖南三省的南部,广东和广西的北部,云南省中部和贵州的南部及台湾嘉义以北的地区。这些地区热量条件优越,无霜期长,可进行夏秋薯的双季种植。夏薯种植与长江流域类似,秋薯则在夏薯收获后或早稻收割后种植,利用秋冬季的适宜气候,生产优质甘薯。

**南方秋冬薯区** 北回归线以南的沿海陆地和台湾等岛屿,如广东、广西、云南、海南等省区的南部。这些地区全年无霜,气候温暖湿润,四季皆可种植甘薯。秋薯种植通常在夏薯收获后进行,冬薯则在秋末冬初种植,充分利用冬季温暖的气候条件,实现周年生产。

总的来说,甘薯在我国分布广泛,从东北至华南、西南都有种植。各地根据气候条件、农业生产周期和市场需求,灵活安排春薯、夏薯、秋薯、冬薯的种植,形成了丰富的种植模式和产业链。甘薯在这些地区的广泛种植,不仅丰富了当地农产品种类,也为农民提供了稳定的经济收入来源,同时也是我国粮食安全的重要组成部分。

## 二 育苗技术

甘薯(红薯、地瓜)育苗技术主要包括以下几个关键步骤:

### 1. 种薯选择

**种薯来源** 选择健康、无病虫害、无机械损伤、薯形规整、大小适中的甘薯作为种薯。优选脱毒种薯或经过严格检疫的优良品种,以确保种苗质量和产量潜力。

**种薯处理** 种薯在切块前应进行晒种,将种薯置于阳光下晒 1~2 天,促使表皮老化,提高抗病能力。晒种后将种薯置于室内回潮 1~2 天,待表皮稍软时进行切块。

### 2.种薯切块

**切块规格** 根据种薯大小,切成25~50g的薯块,每块至少带1~2个饱满芽眼,确保有足够的营养供芽苗生长。切块时应先给刀具消毒,保持刀具锋利,切口要平整,避免切伤芽眼。

**切块处理** 切好的薯块立即用草木灰、滑石粉、多菌灵等药剂拌匀涂抹切口,以防腐烂和病菌感染。也可将种薯浸于药液中进行消毒处理,然后晾干待播。

### 3.苗床准备

**选址** 选择背风向阳、地势较高、排水良好、靠近水源的地方建立苗床。苗床应远离病薯堆积地,以防病菌传播。

**土壤处理** 苗床土壤应疏松肥沃,富含有机质。整地前施足基肥(如腐熟有机肥),并进行土壤消毒,可撒施石灰粉、多菌灵等药剂防治病害。

**苗床搭建** 苗床可采用地膜覆盖、拱棚或温室等多种形式。地膜覆盖的苗床需起高垄,垄高15~20cm,垄宽50~60cm。拱棚或温室苗床需提前搭建好支架,覆盖塑料薄膜。

### 4.播种与覆土

**播种时间** 根据当地气候条件,一般在春季气温稳定在15℃以上时播种,以确保薯块萌芽快、出苗整齐。

**播种密度** 薯块在苗床上按一定距离摆放,一般株距15~20cm,行距30~35cm。薯块芽眼向上,覆土厚度2~3cm,不宜过厚,以免影响出苗。

**覆盖保湿** 播种后覆盖地膜,四周用土压实,防止风吹揭膜。若采用拱棚或温室育苗,应封闭棚膜,保持苗床温度和湿度。

### 5.苗床管理

**温度管理** 出苗前保持苗床温度在25~30℃,促进薯块萌芽。出苗后白天保持在25~28℃,夜间保持在16~18℃,防止高温灼苗或低温影响生长。

**湿度管理** 保持苗床土壤湿润但不积水,出苗前如床土过干可适量喷水。出苗后根据天气和土壤湿度适当补水,避免苗床过湿导致病害发生。

**光照管理** 保持充足的光照,及时揭开地膜或适当通风,防止秧苗徒长。

如遇连续阴雨天气,可适当补光。

**病虫害防治** 定期检查苗床,发现病虫害及时喷施对应药剂防治。保持苗床清洁,及时清除病株、病叶,减少病源。

**6. 剪苗与炼苗**

**剪苗** 当薯苗长至20~25cm,有6~8片叶完全展开时,即可进行剪苗。剪取长度约15cm的壮苗,保留2~3片完整叶片,剪口平滑,避免撕裂。

**炼苗** 剪苗后将薯苗置于通风、光照良好的环境中,逐渐降低湿度,进行短期晾晒(1~2小时),使剪口愈合,增强苗株抗逆性,便于运输和移栽。

**7. 移栽前准备**

**苗床更新** 剪苗后,及时清除残株、病叶,补充适量基肥,保持苗床湿润,促进余下薯块继续出苗,进行二次剪苗。

**壮苗标准** 移栽前的薯苗应根系健壮,茎秆粗壮,叶色浓绿,无病虫害。

通过以上步骤,可成功进行甘薯的育苗工作,培育出健壮、无病虫害的薯苗,为甘薯的高产优质打下坚实的基础。在实际操作中,应根据当地的气候条件、土壤状况和品种特性灵活调整管理措施。

## 三 育苗方式

**1. 露地育苗**

**直接播种法** 在春季气温稳定后,将经过处理的种薯直接埋入预先整理好的育苗床中,薯块上覆盖薄土,保持适宜的温度和湿度,待薯苗长出后再进行间苗、定苗。

**薯块育苗** 将种薯切成带芽眼的小块,按一定密度播入育苗床,覆盖薄土,保持湿润,待薯苗长出后进行管理。

**2. 地膜覆盖育苗**

**薯块育苗** 与露地育苗相似,但播种后在苗床上覆盖地膜,以提高地温、保持土壤湿度、防止杂草生长,促进薯苗早出、快长。出苗后及时破膜放苗,避免高温烧苗。

### 3. 小拱棚育苗

**薯块育苗**　在苗床上搭建小拱棚，覆盖塑料薄膜，形成保温、保湿的小气候环境。薯块播种、覆土后，封闭小拱棚，待薯苗出土后适当通风，调节棚内温度和湿度。

### 4. 温室育苗

**薯块育苗**　在设施温室中进行育苗，通过人工调控温度、湿度、光照等环境条件，使薯苗在适宜的环境中快速、健壮生长。温室育苗可实现早育苗、早移栽，有利于提早上市和提高产量。

### 5. 营养钵育苗

**薯苗移植**　将薯块先在露地或小拱棚内育出薯苗，待薯苗长到一定高度（通常为3～5片真叶）时，将其移栽到装有营养土的营养钵中继续培育。营养钵育苗有利于保持薯苗根系完整，提高移栽成活率。

### 6. 无土育苗

**水培法**　利用营养液代替土壤，将薯块固定在水培架上，通过调整营养液成分和光照、温度等条件，促进薯苗生长。水培法育苗可实现标准化、规模化生产，但设备投入较高。

### 7. 嫁接育苗

**砧木嫁接法**　将甘薯的芽或茎段嫁接到抗病、抗逆性强的砧木上，培育出具有优良品种性状和砧木抗性的薯苗。嫁接育苗主要用于防治甘薯根结线虫病等严重病害。

在实际生产中，应根据当地气候条件、种植规模、技术水平和经济条件等因素，选择合适的育苗方式。无论采用何种方式，育苗过程中都要注意薯苗的温度、湿度、光照、病虫害防治等管理，确保薯苗健壮、无病虫害，为甘薯优质高产奠定基础。

## 四　苗床管理

### 1. 温度管理

**出苗前**　保持苗床温度在25～30℃，利于薯块快速萌芽。可通过覆盖地膜、小拱棚、温室等方式增温,早晚气温较低时可加盖草帘、薄膜等保温。

出苗后　白天保持苗床温度在 23~28℃,夜间在 16~18℃,避免高温导致薯苗徒长,低温影响生长。

**2. 湿度管理**

出苗前　保持苗床土壤湿润,但不过湿。播种后如遇干旱,可适当喷水,保持表土湿润。

出苗后　保持苗床土壤见干见湿,防止湿度过大引发病害。浇水宜在早晨或傍晚进行,避免高温时段浇水导致地温骤降。

**3. 光照管理**

出苗前　保持苗床覆盖物清洁,提高透光率,利于薯块萌芽。

出苗后　避免苗床遮阴,及时揭除覆盖物,保证薯苗充足的光照。如光照过强,可适当遮阳,防止日灼。

**4. 通风管理**

出苗前　保持苗床通风良好,防止薯块腐烂。播种后可适当开小口通风,随着薯苗生长逐渐加大通风口。

出苗后　根据气温、湿度和薯苗生长情况适时通风,降低苗床湿度,防止病害发生。通风时避免风直接吹到薯苗,防止损伤。

**5. 施肥管理**

基肥　播种前施足基肥,以有机肥为主,配合适量化肥,提高苗床土壤肥力。

追肥　薯苗生长期间,根据苗情和土壤肥力适时追施速效氮肥,促进薯苗生长。追肥宜在浇水后进行,防止烧苗。

**6. 间苗、定苗**

间苗　薯苗长出 2~3 片真叶时进行第一次间苗,剔除弱苗、病苗、过密苗,保持苗距适宜。

定苗　薯苗长到 5~6 片真叶时进行定苗,每穴留健壮苗 1~2 株,确保定苗密度适宜。

### 7. 炼苗

**逐渐降低温度** 在移栽前 7~10 天，逐渐降低苗床温度，使薯苗适应大田环境，提高移栽成活率。

**适度控水** 移栽前减少浇水，使薯苗适应大田相对干燥的土壤环境。

### 8. 剪苗、移栽

**剪苗** 薯苗长到 20~25cm 时，剪取健壮苗，保留 2~3 个节，剪口平滑，剪下的苗及时移栽。

**移栽** 选择晴天下午或阴天进行移栽，移栽深度以薯苗第一节入土为宜，栽后及时浇水，确保薯苗成活。

### 9. 合理密植

一般情况下栽插期早的密度小些，栽插期晚的密度大些；甘薯品种为大叶型的密度小些，甘薯品种为小叶型的密度大些；品种株型紧凑的密度大些，品种株型松散的密度小些；土壤肥力水平高的密度小些，土壤肥力水平低的密度大些；大田浇灌条件好的密度小些，大田浇灌条件差的密度大些；南方等光照强的区域密度小些，北方等光照弱的区域密度大些；鲜食用甘薯密度大些，工业淀粉用甘薯密度小些。一般北方单行垄作春薯密度为 3 000~3 300 株/亩、夏薯为 3 300~3 500 株/亩，南方秋薯和冬薯密度相对大些，大面积为 4 000~6 000 株/亩。

通过以上管理措施，可确保甘薯苗床环境适宜，薯苗健壮，为甘薯高产优质奠定基础。在实际操作中，应根据当地气候条件、土壤状况和品种特性灵活调整管理措施。

## 第二节 甘薯田间管理

### 一 前期管理

从栽植至有效薯数基本形成为生长前期（发根分枝结薯期），春薯为栽后 60~70 天，夏薯为栽后 20 天左右。本期末茎叶进入封垄期，茎叶覆盖地面，叶面积系数一般达 1.5 左右,高产地块达 2.5。主攻目标是根系、茎叶生长,管理的核心是保证苗全、苗匀、苗壮。

### 1.查苗补栽,消灭小苗、缺株

栽后 1 周左右及时查苗补苗,补苗选用壮苗在下午或傍晚时补栽。最好在田头与大田同时栽一些预备苗以便补缺时用,补苗时将预备苗浇水后连根带湿土挖出,放入缺苗处穴内,浇水封土即可。

### 2.及早中耕除草

**人工中耕除草**　应从栽插成活后至封垄前,中耕 1~2 遍,中耕最好在草芽萌发后进行,先深后浅,免留"围根草""卡脖泥",确保甘薯茎叶封垄前田间无杂草。此外,雨后地表发白时中耕有松土保墒的作用。

**化学除草**　使用除草剂能大幅度降低劳动成本,提高除草效率,节约大量的劳动力,减少除草作业对薯垄的破坏。薯苗在沾染少量除草剂后会使叶片出现枯斑甚至整片叶枯萎,顶端生长缓慢,施用时尽量不要喷到薯苗上。

**秸草地面覆盖**　甘薯栽后每亩覆盖 300~400kg 的麦糠、麦秸等,有利于保墒,减少杂草,并能增加土壤有机质,改善透气性。

## 二 中期管理

从结薯数基本稳定至茎叶生长达高峰为生长中期(蔓薯并长期),春薯在栽后 60~100 天,夏薯在栽后 35~70 天。本期末叶面积系数达到高峰值 4.0~4.5,本期主攻目标是地上、地下部均衡生长。管理的核心是茎叶稳长,群体结构合理,根据茎叶生长特征看苗管理。

### 1.防旱排涝

当叶片中午凋萎,日落不能恢复,持续 5~7 天的,有水利条件的可浇半沟水。遇到多雨季节,使垄沟、腰沟、排水沟"三沟"相通,保证田间无积水。

### 2.提蔓不翻蔓

长期阴雨天造成土表潮湿,接触土壤薯蔓的节间处容易产生细根,有些可以膨大成块根,造成养分分流。为减少这种损失,传统上通过翻蔓切断这种根系,让叶片朝下,架空茎部,不使其接触地面。多处试验结果表明,翻蔓会造成不同程度的减产,翻秧 2~3 次,减产 2~3 成。原因为:翻蔓打乱了均衡的茎叶分布,藤蔓反转后1周内,光合作用效能降低;甘薯生长中后期藤蔓相互交织在一起,有些往往跨过几垄,逐个分离很困难,翻蔓时容易折断薯蔓、扯掉薯叶,导致产量降低;再者目前甘薯育种单位均不采用翻蔓措施,新品种是在不翻蔓条件下选出的,适合自然生长状态,不需要费力费时进行翻蔓。甘薯藤蔓正确的管理方法是在前期结合除草适当提蔓,减少藤蔓扎根,使得后期能够接触地面的藤蔓所占比例不高,大部分悬空生长,一般扎根现象并不严重。

### 3. 控制旺长

在薯蔓并长期,如果氮肥过量、雨水过多、土壤湿度大、通气性差,再加阴雨天气多,易引起茎叶旺长。凡茎尖突出、茎叶繁茂、叶色浓绿、叶柄长为叶宽的2.5倍以上、叶面积系数超过5的,可认定为旺长田。对旺长田管理的措施是提蔓,不翻秧,不摘叶;喷洒1~2次0.2%~0.4%磷酸二氢钾液;每亩用15%的多效唑100~150g,兑水60kg,叶面喷打化控1~2次。水肥地应适当早控。

### 4. 防止早衰

脱肥田叶片黄化过早,叶面积系数不足3.5,可喷施1%的尿素与0.2%~0.4%的磷酸二氢钾混合液1~2次。

### 5. 防治红蜘蛛

甘薯叶片上有红蜘蛛为害时,用5%尼索朗(噻螨酮)1 000倍液,或用20%甲氰菊酯(灭扫利)2 000~3 000倍液(还兼治斜纹夜蛾),或20%速螨酮可湿性粉剂2 000~4 000倍液,或15%速螨酮乳油2 000~3 000倍液防治,以上药交替使用,每隔7天喷药1次,每次50kg/亩,连续喷药3次。

## 三 后期管理

从茎叶生长高峰期至收获为生长后期(薯块盛长期),春薯在栽后100天,夏薯在栽后70~130天。本期主攻目标是护叶、保根、增薯重。本期末叶色褪淡即正常"落黄",叶面积系数在2.0左右。

### 1. 防早衰

若9月叶面积系数下降过快,落黄较早,喷洒1%尿素与0.3%磷酸二氢钾液,促进光合产物的合成。

### 2. 控制旺长

若后期叶色依然浓绿，叶面积系数不见下降，可以提蔓不翻秧，喷洒2遍0.4%磷酸二氢钾液促进薯块膨大。

### 3. 防旱排涝

遇连续干旱应浇水，遇连阴雨时及时排出田间积水。

### 4. 防治食叶性虫害

发现有甘薯麦蛾等食叶性害虫为害时，每亩用90%敌百虫1 000倍液，或50%辛硫磷1 000倍液，或用2.5%溴氰菊酯（敌杀死）2 000倍液，或10%氯氰菊酯（灭百可）2 000倍液等喷雾，以上药可交替使用。

### 5. 适时收获、安全储藏

适宜收获，先收春薯后收夏薯，先收种薯后收食用薯，至12℃时收获基本结束。如果收获期过晚，甘薯在田间容易受冻，为安全储藏带来困难；收获过早，储藏前期高温愈合，库温难以降下来，容易腐烂。收获时要做到轻刨、轻装、轻运、轻卸等，尽量减少薯块破损。甘薯在储藏期间要求环境温度在9~13℃，湿度控制在85%左右，还要有充足的氧气。

## 第三节　甘薯病虫害防治

甘薯（红薯、地瓜）在生长过程中可能会遭受多种病害的侵害，影响其产量和品质。以下是一些主要甘薯病害及其防治措施：

### 1. 甘薯黑斑病

**症状**　叶片上出现近圆形或不规则形的黑色病斑，病斑中心有时有轮纹。病斑扩展迅速，严重时叶片干枯、脱落。

**选用抗病品种**　种植抗病品种是防治黑斑病最经济最有效的措施。

**药剂防治**　发病初期喷施多菌灵、甲基硫菌灵、苯醚甲环唑等杀菌剂，每隔7~10天喷一次，连续喷2~3次。

**农业措施** 及时清除病株残体,深翻土壤,减少病菌来源;合理密植,保持田间通风透光;增施有机肥,提高植株抗病能力。

2. 甘薯疮痂病

**症状** 薯块表面出现圆形或近圆形的疮痂状病斑,病斑中心凹陷,边缘隆起,病斑内部呈灰白色或淡黄色。

**种薯处理** 播种前用50%多菌灵可湿性粉剂500倍液浸泡薯块20分钟,晾干后播种。

**药剂防治** 发病初期喷施代森锰锌、甲基硫菌灵、百菌清等杀菌剂,每隔7~10天喷一次,连续喷2~3次。

**农业措施** 避免连作,实行轮作;选择排水良好的地块种植;收获后及时清除病薯残体,减少病菌来源。

3. 甘薯茎线虫病

**症状** 薯苗生长受阻,叶片黄化、萎蔫,严重时整株死亡。薯块表面出现凹陷的病斑,内部组织呈糠心状。

**种薯处理** 播种前用杀线虫剂(如阿维菌素、噻唑膦、克百威等)拌种或浸种。

**药剂防治** 发病初期喷施杀线虫剂,如阿维菌素、噻唑膦等,每隔7~10天喷一次,连续喷2~3次。

**农业措施** 避免连作,实行轮作;选择排水良好的地块种植;收获后及时清除病薯残体,减少病菌来源。

4. 甘薯根腐病

**症状** 薯苗生长受阻,叶片黄化、萎蔫,严重时整株死亡。薯块表面出现水渍状病斑,内部组织呈黑褐色。

**药剂防治** 发病初期喷施多菌灵、甲基硫菌灵、苯醚甲环唑等杀菌剂,每隔7~10天喷一次,连续喷2~3次。

**农业措施** 避免连作,实行轮作;选择排水良好的地块种植;收获后及时清除病薯残体,减少病菌来源。

### 5. 甘薯白粉病

**症状** 叶片上出现白色粉状物,叶片变黄、皱缩,严重时叶片枯死。

**药剂防治** 发病初期喷施三唑酮、戊唑醇、己唑醇等杀菌剂,每隔7~10天喷一次,连续喷2~3次。

**农业措施** 合理密植,保持田间通风透光;增施有机肥,提高植株抗病能力;及时清除病株残体,减少病菌来源。

### 6. 甘薯病毒病

**症状** 叶片出现花叶、黄斑、皱缩、矮化等症状,严重时植株生长受阻,产量大幅下降。

**选用抗病品种** 种植抗病品种是防治病毒病最经济最有效的措施。

**药剂防治** 发病初期喷施病毒钝化剂(如吗啉胍、宁南霉素等),每隔7~10天喷一次,连续喷2~3次。

**农业措施** 及时清除病株残体,减少病菌来源;防治传毒媒介(如蚜虫、叶蝉等);合理密植,保持田间通风透光。

### 7. 甘薯枯萎病

**症状** 叶片黄化、萎蔫,严重时整株死亡。薯块表面出现水渍状病斑,内部组织呈黑褐色。

**药剂防治** 发病初期喷施多菌灵、甲基硫菌灵、苯醚甲环唑等杀菌剂,每隔7~10天喷一次,连续喷2~3次。

**农业措施** 避免连作,实行轮作;选择排水良好的地块种植;收获后及时清除病薯残体,减少病菌来源。

总之,防治甘薯病害应采取综合防治措施,包括选用抗病品种、药剂防治、农业措施等,同时加强田间管理,保持田间通风透光,合理施肥,增强植株抗病能力。在实际操作中,应根据当地病害发生情况和气候条件,灵活调整防治措施,确保防治效果。

## 二 主要虫害防治

甘薯(红薯、地瓜)在生长过程中常受到多种害虫的侵袭,影响其产量和品质。以下是一些主要甘薯虫害及其防治措施:

### 1. 甘薯天蛾

**症状** 幼虫取食甘薯叶片,造成叶片缺刻、孔洞,严重时整株叶片被吃光,影响光合作用和产量。

**药剂防治** 在幼虫发生初期,喷施高效氯氟氰菊酯、溴氰菊酯、甲维盐等杀虫剂,每隔 7～10 天喷一次,连续喷 2～3 次。

**生物防治** 释放甘薯天蛾天敌,如赤眼蜂、寄生蜂等,控制害虫种群数量。

**农业措施** 合理密植,保持田间通风透光,减少害虫发生;清除田间杂草,减少害虫藏匿场所;种植诱集作物,如玉米、大豆等,吸引害虫集中,便于集中防治。

### 2. 甘薯卷叶虫

**症状** 幼虫卷叶为巢,取食叶片,造成叶片破损、光合作用减弱,影响甘薯生长。

**药剂防治** 在幼虫发生初期,喷施阿维菌素、甲氨基阿维菌素苯甲酸盐、氯虫苯甲酰胺等杀虫剂,每隔 7～10 天喷一次,连续喷 2～3 次。

**生物防治** 释放甘薯卷叶虫天敌,如瓢虫、草蛉等,控制害虫种群数量。

**农业措施** 合理密植,保持田间通风透光,减少害虫发生;清除田间杂草,减少害虫藏匿场所;种植诱集作物,如玉米、大豆等,吸引害虫集中,便于集中防治。

### 3. 甘薯金龟子

**症状** 成虫取食甘薯叶片,造成叶片缺刻、孔洞;幼虫(蛴螬)在土壤中取食甘薯根系,影响植株生长和产量。

**药剂防治** 在成虫发生初期,喷施高效氯氟氰菊酯、毒死蜱、辛硫磷等杀虫剂,每隔 7～10 天喷一次,连续喷 2～3 次;在幼虫发生期,施用辛硫磷、毒死蜱、噻虫嗪等颗粒剂,防治地下害虫。

**生物防治** 释放甘薯金龟子天敌,如寄生蜂、捕食性螨类等,控制害虫种群数量。

**农业措施** 合理轮作,避免连作;深翻土壤,破坏害虫越冬场所;种植诱集作物,如玉米、大豆等,吸引害虫集中,便于集中防治。

#### 4. 甘薯叶甲

**症状** 成虫和幼虫取食甘薯叶片,造成叶片缺刻、孔洞,影响光合作用和产量。

**药剂防治** 在成虫和幼虫发生初期,喷施高效氯氟氰菊酯、阿维菌素、噻虫嗪等杀虫剂,每隔7~10天喷一次,连续喷2~3次。

**生物防治** 释放甘薯叶甲天敌,如瓢虫、草蛉等,控制害虫种群数量。

**农业措施** 合理密植,保持田间通风透光,减少害虫发生;清除田间杂草,减少害虫藏匿场所;种植诱集作物,如玉米、大豆等,吸引害虫集中,便于集中防治。

#### 5. 甘薯蚜虫

**症状** 成虫和若虫吸食甘薯叶片汁液,造成叶片皱缩、变形,影响光合作用和产量。同时,蚜虫还能传播病毒病。

**药剂防治** 在蚜虫发生初期,喷施吡虫啉、啶虫脒、噻虫嗪等杀虫剂,每隔7~10天喷一次,连续喷2~3次。

**生物防治** 释放蚜虫天敌,如瓢虫、草蛉、蚜茧蜂等,控制害虫种群数量。

**农业措施** 合理密植,保持田间通风透光,减少害虫发生;清除田间杂草,减少害虫藏匿场所;种植诱集作物,如玉米、大豆等,吸引害虫集中,便于集中防治。

#### 6. 甘薯叶螨

**症状** 成螨和幼螨吸食甘薯叶片汁液,造成叶片黄化、干枯,影响光合作用和产量。

**药剂防治** 在叶螨发生初期,喷施阿维菌素、哒螨灵、螺螨酯等杀螨剂,每隔7~10天喷一次,连续喷2~3次。

**生物防治** 释放叶螨天敌,如捕食螨、瓢虫等,控制害虫种群数量。

**农业措施** 合理密植,保持田间通风透光,减少害虫发生;清除田间杂草,减少害虫藏匿场所;种植诱集作物,如玉米、大豆等,吸引害虫集中,便于集中防治。

总之,防治甘薯虫害应采取综合防治措施,包括药剂防治、生物防治、农业措施等，同时加强田间管理，保持田间通风透光，合理施肥，增强植株抗病能力。在实际操作中，应根据当地虫害发生情况和气候条件，灵活调整防治措施，确保防治效果。

# 第七章

## 马铃薯高产高效栽培技术

# 第一节　马铃薯播种技术

## 一　播种准备

### 1. 种薯准备

**精选种薯**　选择健康无病害、薯皮表面光滑有色泽、大小适宜(一般为50~100g)的种薯。淘汰表皮龟裂、芽眼坏死、有病斑的块茎。

**种薯切块**　为了节省种薯和促进萌芽，通常需要将大块种薯切成带有1~2个健壮芽眼的小块。切块时应使用干净锋利的刀具，避免切口感染病菌。切块后可蘸取草木灰或药剂(如硫酸铜溶液)消毒并促进愈合。

**催芽**　切块后的种薯需要进行催芽处理，通常将其平放在湿润且厚度约为10cm的沙土或蛭石中，覆盖约5cm厚的过筛沙土或蛭石，保持湿润，温度控制在15~20℃，待芽长至1~2cm时即可播种。

### 2. 土壤选择与整地

**土壤选择**　选择土层深厚、土质疏松、排水良好，富含有机质且pH值适中的沙壤土或壤土，前茬最好是禾谷类作物。

**整地**　深耕土壤，深度可达25~30cm，以打破犁底层，改善土壤结构，增强通气性和保水保肥能力。同时，整地要精细，确保土块细碎，无大块土坷垃。

### 3. 施肥与施药

**科学施肥**　根据土壤肥力和目标产量，施足基肥，通常包括有机肥(如每亩施12~50kg)和适量化肥(如每亩施三元复合肥35~40kg)。播种时可用部分化肥作为盖种肥。出苗后根据苗情追施速效氮肥(如尿素)和复合肥。

## 二　播种与管理

### 1. 播种

**适期播种**　依据当地气候条件，选择适宜的播种期，通常在春季地温稳定在3~5℃时开始播种。

**合理密植**　根据品种特性和土壤条件确定播种密度,一般行距60~70cm,株距25~30cm,深度10~15cm。

**播种方式**　可采用机械播种或人工播种。机械播种能保证播种深度一致,有利于出苗整齐。人工播种时注意种薯芽眼朝上,避免直接接触肥料,防止烧芽。

### 2. 管理

**小拱棚地膜覆盖**　为了保温防冻、提高地温、保持土壤湿度、促进早熟,可采用小拱棚配合地膜覆盖。用小竹片架成拱棚,覆盖薄膜,两侧用土封严。

**化学除草**　播种后、覆膜前进行土壤封闭式化学除草,确保土壤湿润以提高除草效果。后期根据杂草生长情况适时进行田间除草。

**破膜放苗**　当幼苗出土后,及时破膜放苗,防止高温灼伤幼苗,并用土封严膜孔,防止热量散失。

**查苗补苗**　出苗后检查田间出苗情况,对缺苗断垄的地方及时补种,确保全苗。

## 第二节　马铃薯田间管理

### 一　中耕除草与培土

#### 1. 幼苗期

出苗后至7~8片真叶前,以促根、促匍匐茎为主,多中耕,少灌水或不灌水,以提高地温,促进扎根和匍匐茎伸长,及时除草,保持土壤疏松。

#### 2. 幼苗后期

匍匐茎形成后,地上部生长加快,应适当浇水,依据苗情追施速效氮磷钾肥,继续中耕并培土,逐渐加厚培层,以利于茎叶生长和块茎形成。

## 二 肥水管理

### 1. 水分管理

马铃薯需水量大，整个生育期土壤含水量应维持在田间最大持水量的 60%～80%。苗期保持 65% 左右，块茎形成、膨大期保持在 75%～85%，生长后期保持在 60%～65%。视具体情况适时灌溉，如播种前和苗期干旱可浇水，块茎形成期（现蕾期）及时适量浇水至关重要。

### 2. 肥料管理

马铃薯为喜肥作物，需适时适量追肥。一般在开花期前施用，早熟品种苗期施，中晚熟品种现蕾期施。以氮、钾肥为主，补充磷肥及微肥，开花后尽量不追施氮肥。追肥可沟施、穴施或叶面喷施，结合中耕灌溉进行。

## 三 生长调控

### 1. 控制徒长

通过合理水肥管理、调整种植密度、使用植物生长调节剂（如多效唑、膨大素）等方式，防止因氮肥过量、种植过密等因素导致的植株徒长，以优化群体结构，促进地下块茎发育。

### 2. 摘除花蕾

为减少养分消耗，促进块茎生长，显蕾时应及时摘除花蕾。

### 3. 叶面施肥

在生长后期，根系吸收能力下降时，可通过喷施 0.5% 尿素、0.3% 磷酸二氢钾等叶面肥补充养分，以补充植株营养，促进块茎充实，提高品质和产量。

## 四 收获与贮藏

### 1. 适时收获

根据品种特性和生长情况判断成熟期，一般在植株叶片大部分枯黄、块茎表皮硬化时收获。早熟品种可适当早收，晚熟品种避免过早收获影响产量和品质。

**2.合理贮藏**

收获后的马铃薯应尽快晾干表皮,剔除病、烂、伤薯,存放在通风、阴凉、干燥、避光的地方,保持适宜温度(1~4℃)和相对湿度(90%~95%),防止块茎发芽、腐烂和冷害。

马铃薯田间管理涉及多个方面的精细化操作,包括土壤管理、肥水调控、病虫害防治、生长调控以及收获与贮藏等环节,每个环节的妥善实施都是确保马铃薯高产、优质的关键。种植者应密切关注田间生长状况,结合当地气候条件和品种特性,灵活运用各项管理技术,以实现最佳生产效益。

## 第三节　马铃薯高产高效栽培新技术

### 一　地膜覆盖栽培技术

马铃薯地膜覆盖栽培技术是一种现代农业生产技术,它利用透明塑料薄膜覆盖土壤表面,以达到增温、保湿、保肥、抑制杂草生长、提高土壤肥力和促进马铃薯早熟、高产的目的。

**1.地块选择与整地**

**地块选择**　选择地势平坦、土层深厚(至少50cm以上)、土质疏松、排水良好、保水保肥的地块。

**精细整地**　整地要精细,要求深耕细耙,施入足够的有机肥和底肥,平整地块,然后按照一定行距开出种植沟。

**2.播种前准备**

**种薯处理**　选择健康无病虫害的种薯,根据需要进行切块、催芽,确保每个种薯块带有1~2个健壮芽眼。

**化学防治**　在播种前或播种后覆膜前,可喷洒除草剂,以减少杂草滋生。

**3.播种**

**播种方式有两种**　先种后覆膜和先覆膜后种。

**先种后覆膜**　先按规定的株行距播种,然后覆膜,最后破膜引苗。

**先覆膜后种** 先整地覆膜,然后按照预设的位置在膜上开孔播种,再将膜孔周围用土封住。

### 4.覆膜与管理

**覆膜方法** 使用专用的地膜覆盖工具,将地膜紧密贴合地面,四周压紧压实,防止风吹揭起。

**放苗管理** 马铃薯幼苗出土后要及时破膜放苗,以免造成高温灼苗,放苗后用土封口,保持膜内温度和湿度稳定。

**温湿度调控** 地膜覆盖能显著提高土壤温度,特别是在早春季节,有助于马铃薯早出苗、早生长。夏季高温时要注意观察地膜下温度,避免温度过高影响块茎正常发育。

### 5.田间管理

**水分管理** 地膜覆盖可以减少水分蒸发,但并非不需要灌溉,仍需根据土壤湿度和天气情况适时补充水分。

**肥料管理** 根据马铃薯生长需求,结合地膜覆盖的特点,适当调整追肥时间和方式,以满足马铃薯各生育阶段的营养需求。

### 6.病虫害防治

尽管地膜覆盖减少了部分病虫害的发生,但依然要做好常规的病虫害监测和防治工作,尤其是针对马铃薯常见的晚疫病、疮痂病、病毒病等。

### 7.收获与地膜回收

收获时要小心不要损伤地膜,以便于后期回收。地膜回收有利于环境保护,减少白色污染。

通过地膜覆盖技术,可以在不利的气候和土壤条件下显著提高马铃薯的产量和质量。同时,按照地方标准《沙地夏马铃薯地膜覆盖栽培技术规程》(DB6108/T222021)的规定,进行标准化操作,确保种植的成功率和经济效益。

## 二 间作套种技术

马铃薯间作套种技术是一种有效利用土地资源、提高农业生产效率和增加单位面积产值的种植方式。这种技术充分利用作物之间的时空差异,通过合理的布局设计和管理策略,使得不同的作物在同一田块内和谐共生,相互促进,从而实现互补效应,降低病虫害风险,增强土壤肥力,提高经济效益。具体技术要点如下:

### 1. 作物品种搭配

马铃薯应选择早熟、抗病性强、生育期短的品种,以便与其他作物错峰生长,减少共生期内的竞争和病害交叉感染的风险。

避免与易感相同病害的作物间作,如不宜与辣椒、茄子等茄科作物套种。

### 2. 种植模式

**薯粮间作** 如马铃薯与玉米、高粱、甘薯等粮食作物套种,其中马铃薯可早播,玉米等作物晚播,两者高度差能够充分利用光能和空间。

**薯棉间作** 马铃薯与棉花间作,需考虑棉花生长特点和对水肥的需求。

**薯菜间作** 马铃薯与各类蔬菜(如南瓜、冬瓜、菠菜、生菜、大葱、甘蓝、白菜等)套种,充分利用它们在生长季节和空间上的互补性。

### 3. 种植方式与密度

**种植方式** 合理规划种植行距和株距,如马铃薯与玉米套种时,可能会采用单行马铃薯配单行或多行玉米的模式,保持适宜的间距,确保双方都能获得充足的阳光和生长空间。

**种植密度** 根据不同作物的生长习性调整种植密度,如马铃薯株距25~30cm,而玉米株距可能为20~25cm。

### 4. 田间管理

**水肥管理** 针对不同作物在生育期的不同需求,分别给予合适的水肥供应,如马铃薯播种后需适当浇水,而浇水时应避免影响相邻作物的出苗和生长。

**病虫害防治** 制订全面的病虫害防治计划,预防和控制共同病虫害的发生。

### 5. 轮作制度

考虑作物轮作原则,避免连作带来的土壤退化和病虫害积累问题。

### 6.土壤改良与有机肥施用

施足基肥,优先施用有机肥,改善土壤结构,提高土壤肥力。

### 7.适时收获

对于马铃薯而言,由于其早熟性,要在不影响后季作物生长的前提下,及时采收。

马铃薯间作套种技术是一种系统工程,需要充分考虑作物的生物学特性、当地的气候条件和土壤条件,并结合精准农业管理理念,科学规划和执行。这样才能充分发挥间作套种的优势,达到增产增收的目标。

## 第四节 马铃薯病虫害防治

### 一 主要病害防治

**1.晚疫病**

*发病症状* 叶片、茎和块茎均可受害,初始表现为叶尖或叶缘出现水渍状病斑,随后病斑迅速扩大,潮湿时病斑边缘有白色霉层。

*防治方法* 种植抗病品种;严格采用无病种薯;实行轮作,减少病原积累;加强田间管理,避免田间积水,合理施肥,提高植株抗性;在病害发生初期使用杀菌剂,如代森锰锌、甲霜铜、甲霜灵锰锌、嘧菌酯、氟啶胺·异菌脲等进行喷雾防治,严格按照推荐剂量和频率使用,并注意轮换用药以减少抗药性的产生。

**2.早疫病**

*发病症状* 主要危害叶片,病斑近圆形,中心呈深褐色,周边有同心轮纹,严重时可导致叶片脱落,影响光合作用。

*防治方法* 种植抗病品种;合理施肥,避免偏施氮肥;加强田间清洁,及时清除病叶;在发病初期使用代森锰锌、好力克、安泰生等保护性杀菌剂喷雾防治。

### 3. 细菌性病害（如青枯病、环腐病、黑胫病、软腐病）

**防治方法** 生产无病种薯，严格种薯消毒；实行轮作；小整薯播种；器具消毒，如切刀、农机具等；种薯用农用抗生素或温水浸种；发病早期使用农用抗生素或铜制剂进行淋根、叶面喷雾。

### 4. 病毒病

**防治方法** 目前尚无特效治疗方法，主要通过控制媒介昆虫（如蚜虫）的繁殖与活动，采用化学药剂杀灭传毒昆虫，使用种子处理剂如高巧、锐劲特进行种薯包衣，减少病毒病的传播。

### 5. 真菌性病害

如早疫病、黑胫病等，除了上述普遍防治措施外，还要有针对性地使用药剂如安泰生、普力克等防治。

### 6. 生理病害

主要是通过改善种植环境、合理施肥、提供适宜的水分和光照条件来预防，如缺素症可以通过施用均衡营养微肥和农家肥予以补充。

马铃薯病害的防治是一个综合过程，需要结合生物防治、化学防治、农业防治等多种措施，重视病害的预防和早期诊断，合理安排种植结构和轮作制度，科学施肥和灌溉，以及加强对病虫害的监测和预警。

## 二 主要虫害防治

### 1. 蚜虫防治

**物理防治** 利用黄板诱捕蚜虫，每亩放置 15~20 块，可减少田间蚜虫基数。

**化学防治** 在蚜虫始盛期使用高效低毒的农药，如 10% 吡虫啉或 25% 吡蚜酮，按照推荐用量稀释后喷雾防治。

### 2. 瓢虫

**适时喷药** 在成虫迁徙或幼虫孵化初期喷洒农药，如 50% 敌百虫 800 倍液或 2.5% 亚胺硫酸乳剂 300~400 倍液进行防治。

### 3.地老虎(切根虫)

**农业防治** 清理田间杂草,减少害虫的隐蔽场所,同时加强田间管理,保持土壤湿度适宜。

**生物防治** 利用天敌生物如赤眼蜂等进行生物防治。

**化学防治** 在幼虫危害高峰期,使用适合防治鳞翅目害虫的农药进行土壤处理或叶面喷雾。

### 4.蛴螬和金针虫

**农业防治** 秋季深耕翻土,破坏害虫越冬场所,减轻翌年的虫害压力。

**药剂防治** 播种前使用辛硫磷颗粒剂拌土撒施,或在发现害虫危害时施用专门针对此类害虫的农药。

### 5.蝼蛄

**设置陷阱** 利用蝼蛄的生活习性,设立诱捕装置捕捉。

**药剂防治** 可在蝼蛄活跃期,利用饵剂或喷洒触杀型农药进行防治。

### 6.红蜘蛛

**药剂防治** 观察田间病情发展,一旦发现有红蜘蛛危害,及时喷洒阿维菌素、哒螨灵等杀螨剂。

在防治过程中,强调综合防治策略,即结合生物防治、物理防治与化学防治手段,减少农药的单一依赖,保护农田生态系统,确保农产品安全和生态平衡。同时,注意农药使用的安全间隔期,遵守农药使用的法律法规,以确保食品安全和环保要求。

# 第八章

# 杂粮高产高效栽培技术

# 第一节 谷 子

## 一 生长环境

谷子是一种适应性非常强的作物，可以在全国大部分地区种植。根据不同的地理环境和气候条件，谷子的适宜种植区域有所不同。

### 1.适宜生长环境

生长环境
- **温度** 谷子喜欢温暖，适宜的生长温度范围为22~30℃，在这个温度范围内，谷子的生长发育快，产量高。谷子对低温的抵抗力较弱，因此在种植时要避免过早地播种，以免遇到寒流导致冻害。
- **光照** 谷子对光照的要求也比较高，充足的光照有利于谷子的光合作用和生长发育。一般来说，谷子每天需要接受6~8小时的直接日照，才能保证正常的生长。
- **水分** 谷子虽然是一种耐旱作物，但在生长过程中仍然需要适量的水分。在谷子生长的各个阶段，要根据土壤湿度和气候条件进行合理的灌溉，以保证土壤湿润，有利于谷子的生长。
- **土壤** 可在多种土壤类型中生长，但最适宜的土壤是疏松、肥沃、排水良好的壤土或沙壤土。在种植前，要进行土壤耕作和施肥，以提高土壤肥力和保水能力，有利于谷子的生长。

总之，谷子适宜的生长环境为温暖、光照充足、水分适量、土壤疏松肥沃。在种植过程中，要根据当地的气候和土壤条件，进行合理的管理和调节，以保证谷子的正常生长和高产。

### 2.谷子分布地区

一般来说，谷子适合在干旱、半干旱地区种植，因为这些地区的气候条件有利于谷子的生长发育和产量形成。同时，谷子也适合在丘陵、山地等地方种植，因为这些地方土壤肥沃度较低，而谷子对土壤的要求不高，能够在这些地方生长良好。

具体来说，谷子在华北、西北、东北等地区的种植面积较大，其中华北地区的谷子种植最为集中，占据了全国谷子种植面积的很大比例。此外，江淮流域也是谷子的适宜种植地区之一，这里的气候温和、雨量充沛、土地肥沃，非常适合谷子的生长。

**3. 轮作倒茬**

谷子对茬口反应敏感，农谚"重茬谷子坐着哭""谷重茬，肯定砸"，形象地说明了谷子重茬的不良后果。重茬、连作会导致：一是病虫害发生严重，如白发病、黑穗病、谷瘟及钻心虫等；二是杂草多，容易造成草荒，即一年谷，三年莠；三是谷子根系发达，吸肥力强，连作会大量消耗土壤中同一营养要素，造成"歇地"，致使土壤养分失调，导致谷子生理上早衰、早枯，秕谷增加，产量下降。因此，必须进行合理轮作倒茬。谷子轮作一般3~4年。谷子前茬最好是豆类，其次是玉米、高粱、薯类等作物。如果实在避不开茬口，可以在施肥时添加重茬旺旺，这样对土壤中残留的农药药害有一定的缓解作用。

## 二 选地与整地

地块准备与整地对于谷子的种植来说更是至关重要。地块准备与整地工作直接影响到种子的生长发育，土壤中的养分和水分也会受到影响。因此，我们需要重视地块准备与整地的工作，以确保谷子的健康生长和高产。

**1. 选地**

选择适宜的地块进行谷子的种植，避免选择在低洼地带及土质较重的地块种植，这样有可能导致积水，影响谷子的生长。理想的地块应该是土质疏松、排水良好的土地。

**2. 整地**

谷子是小粒作物，播种对整地质量要求高，一般采用秋翻春耙方法进行整地，耕层20~25cm，起垄、施肥、镇压保墒连续作业，垄距60~65cm。整地要求精细，整平耙细、无漏耕、无根茬、无坷垃、无土块、土碎细，为谷子出苗创造条件。

## 三 选择良种

谷子作为一种重要的粮食作物,选种与种子处理直接关系着后续作物的生长发育和产量。

### 1. 精选种子

依据当地自然气候条件,以优质、稳产、抗病抗倒性强、适合轻简高效栽培为基本原则,选用近年来经国家非主要农作物品种登记的优质、抗除草剂型品种。如吨谷 23 号、陇谷 12 号、豫谷 32、冀谷 39、张杂谷 5 号、张杂谷 13 等。

### 2. 种子处理

(1)播种前半月左右,将精选过的种子摊放在席上 2~3cm 厚,翻晒 2~3 天,经过晒种的种子能提高发芽率和发芽势。

(2)播种前 3~5 天,将种子放在浓度 15% 的盐水中,捞出漂在水面上的秕谷、草籽、杂质,然后再将下沉籽粒捞出,用清水洗 2~3 遍,晾干。

(3)采用甲霜灵可湿性粉剂按种子重量的 0.2%~0.3% 拌种,可防治白发病菌和黑穗病菌。采用 50% 辛硫磷乳油按种子量的 0.2%~0.3% 拌种,再闷种 4 小时,可防治线虫病。

## 四 播种与密度控制

### 1. 适时播种

根据土壤温度和品种生育期长短确定适宜播期。气温稳定在 7~9℃,5cm 土层温度达 7~8℃ 时可以播种。在温暖地区,谷子的播种时间通常在春季末至夏季初。在寒冷地区,谷子的播种时间通常在春季的晚期或夏季初。

### 2. 播种方法

谷子可以通过直播或插秧的方式进行播种。直播是将种子均匀撒播在准备好的土壤上,然后轻轻覆盖一层土壤。插秧是将幼苗一株一株插入土壤中,株距通常为 20~30cm。

### 3. 播种量

谷子的播种量因生长环境、播种方式、种植时间等因素而有所不同,一般为 0.5~0.8kg/亩,播种深度 3~5cm。

### 4.间苗定苗

当谷苗长到 3~5 叶时,要及时间苗定苗。去除杂苗、自交苗,以保障正苗正常生长;除去杂草;降低株高,防止倒伏。春播地区,一般亩保苗 0.8 万~1.2 万株;夏播地区,一般亩保苗 2 万~3 万株。

## 五 水肥管理

### 1.水分管理

谷子幼苗期耐旱性强。第一水分临界期为孕穗中后期,第二水分临界期为灌浆期,根据土壤干湿度进行灌溉。如遇干旱应适时浇水。谷子是比较耐旱作物,一般不用灌水,但在拔节孕穗和灌浆期,如遇干旱,应及时灌水,并追施孕穗肥,促大穗,争粒数,增加结实率和千粒重。

### 2.合理施肥

基肥以农家为主,以鸡粪效果最好,每亩施用腐熟有机肥 1 000kg,也可用施肥机械垄间施用基肥,中等肥力地块每亩可用 20kg 氮磷钾复合肥。追肥主要施用氮肥,分两次施入。第一次于拔节始期,称为"坐胎肥",每亩追施尿素 5~10kg;第二次在孕穗期,称为"攻籽肥",最迟必须在抽穗前 10 天施用,以免贪青晚熟,每亩追施尿素 10~15kg。肥地或豆茬地上,第一次要少追,第二次多追效果好。在旱薄地或苗情较差的地块,则初次要多追,促进前期生长,培养健壮群体。

## 六 病虫草害防治

### 1.病虫害防治

谷子的主要病害有白发病、谷瘟病、红叶病、线虫病、纹枯病等,主要虫害有钻心虫、黏虫、金针虫、蝼蛄、蛴螬等。通过提前拌种可以有效防治谷子主要病害和地下害虫。

**谷瘟病** 发病初期用 40% 克瘟散乳油 500~800 倍液喷雾,每亩用量 75~100kg;或用春雷霉素 80 万单位喷雾,每亩 75~100kg。

**白发病** 用 35% 的甲霜灵(瑞毒霉)可湿性粉剂按种子重量的 0.3% 拌种。

**黏虫** 用高效、低毒、低残留的菊酯类农药,兑水常规喷雾。

**玉米螟** 播种后 1 个月左右(孕穗初期)用高效、低毒、低残留的菊酯类农药,兑水常规喷雾。

**地下害虫防治** 50%辛硫磷乳油按种子量的0.2%拌种或浸种,或用50%辛硫磷乳油按1L加75kg麦麸的比例,拌匀后闷5小时,晾晒干,播种时施入播种沟内。

### 2.草害防治

谷子专用除草剂"谷友"在墒情条件好、使用剂量适宜的情况下,对杂草的总体防效达85%以上,对于减轻谷田草荒具有积极作用。使用方法:在播种后24小时内,将"谷友"除草剂100g兑水20kg喷施封地,可以有效防除杂草。

## 七 机械收获

一般在蜡熟末期或完熟初期收获最佳,此期种子含水量在20%左右,95%谷粒硬化。采用联合收割机收获,可大幅度提高生产效率。

# 第二节 高 粱

## 一 生长环境

### 1.适宜生长环境

**生长环境**

- **温度** 适合高粱生长的温度为15~30℃,它不耐寒,最低只能耐5℃的低温。
- **光照** 高粱喜光照充足的环境,全生育期都需要充足的光照。光照不足,会影响高粱穗的生长,造成高粱穗发育不良。
- **水分** 高粱对水分的要求比较严格,其吸收水分的能力比较强,所以时刻保证土壤的湿润,有利于高粱的生长。
- **土壤** 高粱比较喜欢保水能力和保肥能力强的土壤,如果土壤不能留住水分会导致高粱缺水而影响它的生长。

### 2. 分布地区

高粱的主产区主要集中在秦岭、黄河以北,特别是长城以北,包括吉林、黑龙江、内蒙古、陕西及张家口坝下地区、河北省承德地区、山西省北部、宁夏干旱区、甘肃省中部与河西地区、新疆北部平原和盆地等。

## 二 轮作倒茬

高粱是深耕作物,可与豆类、马铃薯、玉米等作物轮作倒茬,增产效果好。高粱在大豆、棉花茬上的增产幅度较大,玉米、大豆间作也是高粱的良好前茬,在这种茬口上,高粱可增产20%~30%。此外,烟草、花生、甘薯、马铃薯等也都是高粱的适宜前茬。在风沙干旱地区和瘠薄山区的粮草轮作中,以绿肥或牧草作前茬较好。

## 三 选地与整地

### 1. 选地

高粱种植一般选择土层深厚、结构良好、质地松软、肥力适中的地块,土壤肥力差、盐碱化程度较高的地块也可以种植,但要在播种前通过灌水压盐将土壤含盐量降至0.6%以下。注意高粱不宜重茬,避免前茬农药残留(特别是除草剂)对高粱产生药害,同时地块要远离工业和城市污染源。

### 2. 整地

播种前平整土地,平衡肥力。优先选用农家肥和有机复合肥,减少和控制无机肥料的使用量,包括并控制氮肥的使用量。施用农家肥1 000~1 500kg/亩,氮磷钾复合肥35~40kg/亩。土壤含盐量0.3%~0.6%的地块结合冬前深耕,施腐殖酸、含硫化合物和微量元素为主的土壤调理剂100~150kg/亩。

## 四 选种与种子处理

### 1. 品种选择

选择经过审定(鉴定或登记)的高产、优质、抗逆性强的杂交高粱品种。选用信誉好、包装标注清晰、有资质的大公司生产的质量高于国家标准的种子,种子质量标准达到纯度大于93%、净度大于98%、发芽率大于90%、水分小于13%。

**2. 种子处理**

*选种、晒种* 在播种前先要对种子进行筛选，淘汰小粒、瘪粒、病粒，选取出大粒、颗粒饱满的种子作生产种，将筛选好的种子暴晒2~3天，提高其发芽率。

*药剂拌种* 播前进行药剂拌种，可选用优质种衣剂拌种，防治苗期病害、缺素症及地下害虫等。也可用25%粉锈宁可湿性粉剂按种子量的0.3%~0.5%拌种，或用40%拌种双可湿性粉剂按种子量的0.3%拌种，防治黑穗病。

## 五 播种与密度控制

**1. 适时播种**

春播高粱在土壤5~10cm地温稳定在10~12℃时播种，一般在4月中旬左右。夏播高粱在前茬收获后及时播种。春、夏播高粱都要适墒播种，切忌雨前抢播或者土壤湿度大时播种，以免造成烂种，影响出苗。

**2. 种植密度**

高粱种植密度应根据地力和品种而确定。中等肥力地块一般每亩留苗7 000~8 000株，高肥力地块可亩留苗8 000~9 000株。株高3m以上的品种每亩可留苗约5 000株；株高2~2.5m中秆杂交种，每亩可留苗7 000株左右。如鲁杂8号、鲁粮3号等株高在2m以下的杂交种，每亩可留苗8 000株左右。

## 六 田间管理

高粱播种不补苗、不间苗。高粱幼苗耐旱怕涝，田间积水要及时排出。拔节期或盐碱地块遇雨、灌溉所致土壤板结，进行中耕。喇叭口期结合中耕追施尿素10~15kg/亩，尿素一定要施入土壤中，切忌撒施，施肥深度6~8cm。高粱在孕穗期和灌浆期遇到干旱或者田间积水时，要及时灌溉或排水。

## 七 病虫害防治

坚持"预防为主、综合防治"的方针，依据"标本兼治、防重于治"的原则，采用农业、物理、生物、化学等多种措施相结合的防治手段。

首先，选用抗病性强、适应性好的品种，合理轮作，避免重茬、深耕、深翻土地,有效减少土壤中的致病菌和杂草以及害虫的卵等,合理密植,优化田间小气候,培育壮苗。其次,用红外线、紫外线等照射杀死致病菌,黑光灯诱杀害虫成虫,超声波诱杀雄虫,阻挠害虫繁殖,黄色粘虫板诱杀蚜虫等。对于穗螟、蚜虫等害虫可用赤眼蜂、瓢虫、草蛉等天敌进行防治,或者用性激素诱杀、干扰成虫繁殖。最后,选用低毒高效的化学农药进行防治,根据病虫害发生情况对症施药。如穗螟用10%吡虫啉可湿性粉剂1 500倍液喷雾;蚜虫用10%吡虫啉乳油或者20%氰戊菊酯5 000~8 000倍液喷雾;纹枯病用50%甲基托布津可湿性粉剂500倍液或50%多菌灵可湿性粉剂600倍液喷雾,连续喷施2~3次,每次用药间隔1~2周;高粱大斑病、靶斑病、高粱炭疽病等,在大喇叭口期用50%多菌灵可湿性粉剂500倍液进行喷雾,每次用药间隔7~10天,连续喷施2~3次。

## 八　适时收获

高粱籽粒在蜡熟期干物质积累已达最高值,其标志是穗部90%的籽粒变硬,手掐不出水。此时收获,产量最高,品质最好。收后经2~3天晾晒,脱粒,待籽粒含水量小于13%后,即可入库贮存。

饲用(青贮)高粱可在蜡熟期至成熟期一次性用青贮收获机收获,也可分2次进行青贮或青饲。分2次时,第1次在乳熟期收割,收割留茬高度10~15cm,有利于高粱生长;第2次在高粱长至1.5m时收割。

# 第三节　芝　麻

芝麻是一种重要的油料作物,其种子含有丰富的油脂和蛋白质,具有很高的营养价值和经济价值。它可以被加工成芝麻油,香气浓郁,是常见的食用油之一。芝麻还常被用于制作各种食品,如芝麻糊、芝麻酱、芝麻饼等,为食品增添独特的风味。

## 一 生长环境

### 1. 适宜生长环境

**生长环境**

- **温度** 芝麻喜温暖气候,适宜生长温度为20~30℃。对霜冻和寒冷较敏感,不耐寒。
- **光照** 芝麻喜光照充足的环境,对光照要求较高,有利于光合作用的进行,促进生长发育。
- **水分** 芝麻对水分的需求量较大,在生长期需要保持土壤湿润,但要避免积水。要在生长过程中适时灌溉,保持适度的土壤湿度。
- **土壤** 芝麻喜欢生长在排水良好的土壤中,以沙质土壤为宜。土壤pH值为6.0~7.0最适宜。

### 2. 分布地区

芝麻适合在温暖、湿润、光照充足、排水良好的环境中生长。因此,适合种植芝麻的地区主要是气候温暖、土地肥沃、降雨适中的地方。

具体来说,芝麻适合在河南、湖北、安徽、江西、河北、湖南、陕西、江苏、山东等地种植。这些地区的气候条件适宜,土壤肥沃,有利于芝麻的生长和发育。在这些地区中,河南是我国芝麻的主要产区之一,产量约占全国的30%。

### 3. 轮作倒茬

芝麻生长期易发生青枯病、枯萎病、斑点病等,这些病害的病菌主要在土壤中越冬。如果连年种植芝麻,就容易导致这些病害的发生。通过轮作倒茬,打破这种病菌的生存环境,能有效地减轻或消除病害的发生。因此,合理的芝麻轮作倒茬制度,有利于土壤肥力的恢复和病害的防治。可以根据当地的生产情况和种植的作物来具体安排,如玉米—芝麻—小麦—大豆—高粱等。

## 二 选地与整地

### 1. 选地

芝麻对土壤要求较为严格,喜欢土层深厚、肥沃、疏松、排水良好的土壤。适宜的土壤pH值为6.0~7.0。在选地时,应避免盐碱地和重金属污染地,选择有良好排水条件的田块进行种植。

### 2. 土壤准备

在播种前,应进行耕地、整地和施肥等工作。耕地时要保持土壤疏松,有利于芝麻的生长和根系发育。整地后,根据土壤的养分状况施肥,施加充足的底肥,确保土壤松软、肥沃。底肥一般都是用腐熟的农家肥。地块处理好后还要挖沟起垄,垄高20cm左右就行,垄面宽20~30cm。

## 三 选择良种

### 1. 精选种子

选择适合当地种植环境的芝麻品种。不同品种的芝麻适应性和生长特点可能不同。选择耐旱、耐病虫害并具有良好产量的品种。

### 2. 种子处理

**晒种**　在播种前1~2天,将种子放在阳光下均匀暴晒。注意不要在水泥地面或金属器具内晒种,以免高温烫伤种子。晒种可以提高种子的活力,预防土壤中的病原浸染,增加发芽率。

**种子消毒**　为了预防芝麻生长期间发生病害,需要对种子进行消毒处理。常用的消毒方法有浸种和拌种两种。浸种可以使用温水或药剂,拌种则可以使用多菌灵等杀菌剂。

## 四 播种与密度控制

### 1. 适时播种

春芝麻在每年的5月下旬或中旬种植,夏芝麻一般在每年的6月上旬种植。可采用直播或育苗后移栽的方式。直播时,将芝麻种子均匀撒播在沟槽中,覆土1~2cm。育苗后移栽时,先在育苗盘中培育芝麻幼苗,待幼苗长到一定高度后移植到田地中。

### 2. 播种密度

行距一般在30~45cm,株距在15~20cm,具体间距可根据土壤肥力和芝麻品种进行调整。

## 五、田间管理

### 1. 间苗定苗

在芝麻出苗后,要及时进行间苗和定苗。间苗的目的是去除弱苗、病苗和杂苗,保留健壮的幼苗。一般在芝麻长出 2~3 片真叶时进行间苗,长出 4~5 片真叶时定苗。定苗时要根据土壤肥力、施肥量、生长期和品种特性等因素,确定合理的种植密度。

### 2. 中耕除草

中耕可以疏松土壤,促进根系发育,提高土壤透气性,有利于芝麻的生长。除草可以防止杂草与芝麻争夺养分和水分,减少病虫害的发生。一般从出苗到封行前,需要中耕 2~3 次,中耕深度逐渐加深,但不要伤害芝麻的根系。

### 3. 灌溉排水

芝麻对水分的要求较高,既怕旱又怕涝。因此,在芝麻生长期间,要根据天气、土壤湿度和芝麻的生长情况,合理灌溉或排水。在干旱时要及时浇水,保持土壤湿润;在雨季要及时排水,防止田间积水导致芝麻病害的发生。

### 4. 施肥管理

芝麻对肥料的需求较大,但施肥要根据芝麻的生长阶段和土壤肥力情况进行合理搭配。底肥以有机肥为主,化肥为辅,可以选用氮磷钾三元复合肥。在芝麻生长期间,要进行追肥,一般以尿素为主,配合磷钾肥。同时,还可以进行叶面喷肥,补充中微量元素。

### 5. 病虫害防治

芝麻生长期间容易受到多种病虫害的侵害,如茎点枯病、枯萎病、叶斑病、蚜虫、蓟马等。因此,要及时进行病虫害防治,采取农业防治和化学防治相结合的方法,减小病虫害对芝麻生长的影响。

## 六、适时收获

芝麻一般在播种后 90~120 天即可收获。通过观察花序的颜色和果荚的成熟度,可以判断是否到了收获的时候。成熟的花序和果荚颜色变为黄褐色,外壳变脆,可以轻松脱落。

在收获时,可使用割刀将花序割下,然后晾晒至干燥,用木棒轻轻敲打,将芝麻籽脱粒。脱粒后的芝麻籽可以存放在干燥通风的地方,防止霉变。

## 七 芝麻与其他作物套种

### 1. 芝麻和大豆套种

芝麻和大豆可以套种,可采用交叉播种法。要保持土地较好的平整度,将大豆和芝麻按照1∶20的比例混合后播种。要注意的是,大豆的生长期要比芝麻短,需要提前采收,以免影响芝麻的生长和收成。

### 2. 芝麻和玉米套种

芝麻和玉米也可以套种,采用跑行式套种法。在玉米行的旁边开一个窄的沟,沟深为5~8cm,然后在沟内铺上芝麻种子,接着用土把它覆盖好,最后种上玉米即可。注意要在种植芝麻之前,提前施足底肥,以保证芝麻的正常生长。

### 3. 芝麻和小麦套种

芝麻和小麦可以采用交替套种法。按照每5行小麦插一行的顺序,将芝麻插在小麦之间。要保证芝麻和小麦的行距和栽行的深度相同,这样有利于芝麻正常生长和收成。

### 4. 套种的注意事项

**多品种套种** 在芝麻和其他作物套种时,要根据土地肥力、气候条件、作物品种等因素,选定合适的品种和比例,保证其正常生长和收成。

**合理施肥** 在芝麻和其他作物套种时,要注意选择合适的施肥时间和方法,以及施肥量,保证作物生长的正常需求。

**控制病虫害** 在芝麻和其他作物套种过程中,要及时发现和控制病虫害,保证作物正常生长。

**及时除草** 在芝麻和其他作物套种过程中,要及时除草,保证作物充分的采光和营养。

总之,芝麻和其他作物套种是一种有效的农业经营方式,但要选择合适的套种方法及有关注意事项,以保证作物的正常生长和高产丰收。

# 参考文献

[1] 农业部种植业管理司,全国农业技术推广服务中心.粮食绿色增产增效技术模式[M].北京:中国农业出版社,2015.

[2] 张福锁,张宏彦.作物绿色增产增效技术模式[M].北京:中国农业大学出版社,2016.

[3] 马新明,郭国侠.农作物生产技术(北方本)[M].北京:高等教育出版社,2010.

[4] 徐钦军,董建国,王文军.粮油作物栽培技术[M].北京:中国农业科学技术出版社,2020.